The Making Of A Man

勇敢的心

【美】奥里森·斯韦特·马登 著
Orison Swett Marden

佘卓桓 / 译

山东人民出版社
全国百佳图书出版单位 一级出版社

图书在版编目（CIP）数据

勇敢的心／（美）马登著；佘卓桓译. —济
南：山东人民出版社，2012.12（2023.4重印）
ISBN 978-7-209-06943-4

Ⅰ.①勇… Ⅱ.①马… ②佘… Ⅲ.①成功心理－通俗
读物 Ⅳ.①B848.4-49

中国版本图书馆CIP数据核字（2012）第298009号

责任编辑：刘 晨
封面设计：Lily studio

勇敢的心

（美）奥里森·斯韦特·马登 著 佘卓桓 译

主管部门 山东出版传媒股份有限公司
出版发行 山东人民出版社
社　　址 济南市舜耕路517号
邮　　编 250003
电　　话 总编室（0531）82098914
　　　　 市场部（0531）82098027
网　　址 http://www.sd-book.com.cn
印　　装 三河市华东印刷有限公司
经　　销 新华书店

规　　格 32开 （145mm×210mm）
印　　张 10
字　　数 125千字
版　　次 2013年1月第1版
印　　次 2023年4月第3次
ISBN 978-7-209-06943-4
定　　价 58.00 元
　　　　 如有印装质量问题，请与出版社总编室联系调换。

目　录
Contents

成功为人
CHENGGONGWEIREN

第一章

只有具备真才实学，既了解自己的力量又善于适当而谨慎地使用自己力量的人，才能在世俗事务中获得成功。

——歌德

怎样才算是一匹上乘的马呢？答案是一匹充分释放天性的马。将人类自身的成功天性展现出来，这应是我们前进的一个方向。如果一本书没有让我们获得这方面的知识，那么，这就是一个错误的人生指引。

希罗多德[1] 曾说："人类这种动物的数量是庞大的，但是，真正意义上的人则是稀少的。"

什么是做人的气概呢，什么样的人才可以被称为是一个成功之人呢？学习如何对自身行为的价值进行判断，这难道不应该是人生学习的第一堂课程吗？难道真正的成功不是与此息息相关吗？

难道精神的纯净，怜悯之心的推及，洞察力的深入以及透过现象看本质的能力，与人生的活动或是成功没有关联吗？如果真的如此，那么，我们人类不免也太可悲了。

---

[1] 希罗多德（Herodotus，约前484-前425），古希腊作家，他把旅行中的所闻所见以及第一波斯帝国的历史纪录下来，著成《历史》。

难道真诚的性情，忠实地履行自己的诺言，全身心投入的精神，这些不是衡量成功的真正标准吗？世上只有来去无踪的风儿，才会将朝秦暮楚的人视为成功的人。

人与低等动物之间的区别，在于前者具有一种道德性。达尔文① 说过："良心的驱动，与我们自身的愧疚之情及责任感相连。这是我们区别于动物的最大不同点。"我们在人生早期所见的另一种阐述方式是：上帝在创造人类的时候，融入了自己的影子。

那么，当我们再去问何谓成功这个问题时，答案即在于道德层面上。一匹优秀的马，必然在其种群中有称得上优秀的特性，让它区分于其他的马。如果我们不提高自身的道德水准——这是我们区分于其他动物的唯一标准，那么我们岂能奢谈成功呢？

最近出版了历史学家吉本的一封书信，在信中，吉本② 就自己最近到洛桑拜访的查尔斯·詹姆斯·福克斯③ 做了一个深入的研究。在整篇信件中，吉本热情洋溢地描述着与福克斯的对话，但在结尾处却用一种深深遗憾的口吻去质问，点出了福克斯本身的不足："难道福克斯从来就不知道品行的重要性吗？"

---

① 达尔文（Darwin），英国生物学家，进化论的奠基人。代表作《物种起源》。

② 吉本（Gibbon，1737-1794），代表作《罗马帝国衰亡史》。

③ 查尔斯·詹姆斯·福克斯（Charles James Fox，1749-1806），英国著名政治家。

从某个层面上说，福克斯无疑是他那个时代最为杰出的英国作家。在演讲口才方面，风头一时无出其右。他是一个具有广阔视野的政治家，他的仁慈超过了那个时代的桎梏。他顶着自己强大政治对手皮特的反对强烈倡议废除奴隶贸易，虽然，他在政治斗争中起伏不定、险象环生，但他仍能保持一种乐观豁达的性格，没有与其他人结下任何私人恩怨。但是让人跌破眼镜的是他在私人生活方面的为所欲为。私底下，他是一个优柔寡断的人、一个赌徒、一个十足的酒鬼，丝毫不顾及自身所背负的道德义务。结果，他逐渐失去了国民的信任。看到自己不断被一些能力平平的人，甚至是能力远逊于自己的人超越，他的内心倍感屈辱。其实，这些人的确没有什么才干，但是却有一定的道德品质。

人们时常谈到的成功，实际上是由精力、坚忍以及全面组成的。诚然，这三种品质确实可以带给人们成功，但是，很多人只是拥有其中的一种能力，深受缺乏其他两种能力的拖累之苦。拿破仑①是拥有这三种素质的罕见之人，这让他成为了一个勇于进取、无所畏惧与坚定不移的人。历史上还没有出现过像他这样富于天才与军事才华的人，也没有哪个统帅能获得如此之多的帮助，赢得这么多的追随者。但是，这位不可一世、威震四方的人，却在到处焚毁城市，挥霍珍宝，让数百万

---

① 波拿巴·拿破仑（Napoleon, 1769-1821），法国近代资产阶级军事家、政治家，法兰西第一帝国缔造者。

人生灵涂炭，在让欧洲为之颤抖之后，得到的是一个怎样的结果呢？他的穷兵黩武让法国的疆土更小，民众的生活更差，国力更加衰微。一位法国作家曾这样描述过："当拿破仑大帝死亡的消息在巴黎到处流传的时候，在穿过巴黎皇宫前，一个人在大声地呼喊着，'这就是波拿巴死亡的下场'。而这就是当年那位振臂一呼，让整个欧洲都为之惊慌，让人们的脸色都为之惶恐的拿破仑所获得的待遇。我走进几间咖啡厅，看到人们脸上几乎是一致的冷漠—— 一副无所谓的神色。没有人为此显得焦躁或是伤感。这个曾经将欧洲踏在脚下、让世界颤抖的人，却无法获得自己国民的爱戴。他以自己无与伦比的才华在世界的历史上留下深深的痕迹，让人们时常在回味的时候仍觉得不可思议。但这一切的得来，却没有一丝爱的成分。"爱默生曾这样说："拿破仑是一个'命定之人'。他将自身才华发挥到了极致，毫不顾忌人类所存在的道德原则。他本人其实就是一个实验品，阐明了即便是在最佳的环境下，一个人可以在毫无良心驱使的情况下，能够多大限度地发挥自身才华的道理。最终让他功败垂成的，不是他的敌人，而是事物的一种性质，人类与世间的一种永恒不变的法则。在往后的岁月中，类似的效仿都将无一例外地获得同样失败的下场。"

半个多世纪之前，一群拥护共和制与建国者理想的学生聚集在哈佛大学。其中的一个学生是查尔斯·舒姆纳[1]。他一生高尚与光明磊落的事业生涯对每个有志于政坛之人来说都是一种激励。他与温德尔·菲利普一样，都是出生于家境优渥、富于盛名的家族。他觉得，自己的生活应该有一个目标，让自己的人生服务于人类。舒姆纳说："服务人们，这比巴亚德用武力征服更为高尚。"

马萨诸塞州人民很快就认识到，年轻的舒姆纳能够带给他们心灵的震撼。在一场场与错误抗争的战斗中，舒姆纳成为了他们的代表，成为代表民众心声的人。

一位朋友在选期临近时曾对舒姆纳说："去成为一名立法机构的成员吧，虽然人们会对此感到怀疑，但请善待自己的影响力吧。"舒姆纳回答说："绝不。我将前往剑桥，在这场选举尘埃落定之前，任何立法会成员都见不到我。"

这位来自罗得斯岛的年轻人写下了一封向品达致敬的著名赞歌。查尔斯·舒姆纳耗尽一生精力完成的著名演讲稿《论国家自由与地方奴隶制》，就值得罗德斯岛人民永远铭记。他说："我自己并没有刻意去争取或是被欲望所驱使，就成为了一名国会议员。之前，我并没有担任过任何公职。在我的个人生活中，我获得了许多的机会，对此我深为感激。在我的墓碑上，就刻上这样的话语吧——'这里埋葬着一位没有名气与

---

[1]　查尔斯·舒姆纳（Charles Sumner，1811-1874），美国马塞诸萨州的政治家与律师。

钱财的人，只是为自己的同胞做了一点事而已。'在我的一生中，我没有计较过自己的荣辱得失。为了我的人民，以及人民赐予我的议员职务，我将鞠躬尽瘁。我希望自己的一生都可以成为人民的孺子牛。"在舒姆纳逝去的纪念日里，三月的马萨诸塞州，教堂的钟声从波士顿传来，被赤褐色山峦包围的小城里，长号奏出哀乐，"审判的赞歌"则发出庄严肃穆的音乐。在一个太阳缓缓西下的黄昏，查尔斯·舒姆纳的灵柩被安放于墓穴。是的，他找到了一种比巴亚德更为高尚的方式，征服了人心。在他的一生中，他知晓了这个简单的真理，在临死前他道出了这个真理：品行大过天。

比砌① 曾说，我们每个人都是在建造一座让灵魂永远安躺的圣殿——但是，每个人的建造能力与用心程度的差异是多么的巨大啊！

某人见到邻居请人将一些建筑材料聚集起来，于是，他就问邻居："你在建造什么呢？"邻居说："我也不清楚啊。我也是见步行步，悉听天命了。"墙一堵一堵地垒起来了，房间一间紧挨一间，而邻居则在一旁漠然地看着，所有的旁观者都在大叫：此人愚不可耐！但这就是很多人营造属于自身美德时的真实写照。只是在不断地增加房子，却毫无计划与目标，缺乏远虑，急切地想看到效果。

_____

① 亨利·沃德·比砌（Henry Ward Beecher, 1813-1887），美国著名社会改革家与反奴隶制主义者。

我们有时会说，性格是一种产物。但是这种产物在多大程度上是受外在环境影响呢？又在多大程度上是受内在因素控制呢？简而言之，性格的形成在多大程度上是直接受制于我们的意志呢？

关于环境对性格的影响，众说纷纭。一般而言，环境对孩子性格的发展的确有着不容忽视的作用。

在一些博物馆中，我们可以看到石模，上面残存着人类出现之前雨点的痕迹，还有在远古时期，一些野生鸟儿留在沙滩上的印记。不断的冲刷使浅浅的足印在慢慢的沉淀之中留下了印记。无数个世纪过去了，这些沉淀固化为石头，而痕迹则依然如故，并且将永久地保存下去。所以，小孩子的性格是那么的多向性，那么容易受各种环境的影响。他们乐于接受新的观念，并将它们珍藏起来，逐渐凝结起来，最后永远地保存下来。

伊恩·麦克拉伦① 说："在我们这个国家里，有不少大型的制造工厂，里面有着大型的机械装备，烟囱总是在不断地释放出黑色的浓烟，污染着大气。这些工厂生产出一些色泽极为亮丽的地毯，让你的眼睛为之昏眩，但是，很快也就失去其亮丽了。而远在东方一个贫苦的小屋里，一位工人正在一针一线地绣着，身边摆着许多颜色的线。他已经忙活几年了，当他最终完成时，却展示出每一平方米上极为美丽的颜色与巧夺天工

① 伊恩·麦克拉伦（Ian Maclren，1850-1907），苏格兰作家、神学家。

的手艺。在我们这个国家里，这可以卖个很好的价钱，这张地毯直到孙辈们看了，还是会觉得那么的亮丽与新颖。巨型机械的隆隆声，轮轴的旋转、噪音、黑烟与一个工人在被世人遗忘的角落里安静的一针一线的工作，反差巨大。

"你怎么闻起来这么芳香呢？"波斯诗人萨蒂问一块泥土。"芳香并不是源于我自身，而是我一直与玫瑰在一起，它生长在我这块泥土之上。"泥土回答说。

大仲马① 说："当我发现自己是黑色皮肤的时候，我就下定决心，要像一个白人那样活。我要让人们不再议论我是何种肤色的人。"

"这个世界无时无刻不在呼喊着'拯救我们的人在何处呢？'"大仲马说："我们需要这个人！不要在别处找寻这个人了。你已经紧紧地握着他的手了。这个人就是你自己，是我，是我们每个人！如何让自己成为拯救自己的人呢？如果你不知道如何去思考，那世上无易事；若你知晓如何思考，则世上无难事。"

约翰·斯图亚特·密尔② 说："尽管我们难逃环境对自身的塑造，但我们自身的欲望却是可以改变自身所处的环境的。

---

① 大仲马（Alexandre Dumas，1802-1870），法国19世纪积极浪漫主义作家。

② 约翰·斯图亚特·密尔（John Stuart Mill，1806-1873），英国著名哲学家和经济学家。

在一颗真正自由的心中，让人为之欢呼与雀跃的，就是我们拥有改变自身性格的能力。我们的意志可以改变我们自身所处的环境，改变我们日后的生活习性或是思想的厚度。"

不在拥挤大街的喧闹，不在人群的咆哮或是掌声，成与败，在我们。

人生之远景

RENSHENGZHIYUANJING

第二章

　　理想是指路明灯。没有理想，就没有坚定的方向；没有方向，就失去前进的力量。

——列夫·托尔斯泰

"如果你与一个真正有才能的人展开真诚的交谈，不论你多么的敬佩他，他始终都会觉得自己还远远没有实现心中的目标。那个更为美好与漂浮的理想，难道不是造物者许下的永恒诺言？"爱默生这样说。

一个人自由地徜徉于理想之中，这是一种荣耀与极大的特权。我们每个人都有属于自己的理想。这个理想可能直接通往山顶，让人超脱于现实的桎梏；但也可能是一个毫无价值与低俗的理想，让人停滞不前，堕向不可知的深渊。"人之所想，人之所为。"

迪恩·法拉尔[①] 说："如果我们能看到未来的颜色，那么，我们现在就必须要看到。如果我们想注视命运的星辰，就必须要在自己的心中找寻。"

———————————

① 迪恩·法拉尔（Dean Farrar，1831-1895），英国著名牧师。

约翰·弥尔顿[1] 在儿时就梦想着有朝一日可以写就一篇史诗般的诗歌，不被滚滚的岁月洪流所湮没。儿时这个虚无缥缈的梦想，在青年时期已经变得坚不可摧。他通过学习、旅行，走过了艰难的岁月，直至成年。这个人生的远景始终留在他的心坎里。耄耋之年，双眼失明，诗人终于实现了自己儿时的梦想。洋溢着英雄气概的《失乐园》诗歌，穿过了漫漫的岁月洪流，至今仍为人们所传诵，"仍旧指引着最高的梦想"，这位不朽的诗人在浅唱低吟着。正是这个梦想，让他超越了布满阴翳的生活。

爱默生[2] 在给年轻人建议时这样说："心中要有一颗指引的星星。"他并不是说，我们要将目标定的太高，以致成为水中月、镜中花。我们要将理想看作是一颗星星，时刻在寂寥的晨空中熠熠闪光，让我们不断前进，升华我们的品行。当我们撇开所有物质上的追求，或是世人眼中所谓的成功标准，我们的第一个理想就是要拥有高尚的品格，让不断追求完美的神性驻足心间。他发出神谕：你要追求完美，因为在天国的天父也是完美的。只有理想的品格才能收获真正的成功，而不论从事什么追求。查尔斯·舒姆纳说："心中要有不息的理想之火，

---

① 　约翰·弥尔顿（John Milton, 1608-1674），英国诗人、政论家、民主斗士。代表作《失乐园》。

② 　爱默生（ Ralph Waldo Emerson, 1803-1882），美国思想家、文学家、诗人。

并非一定是要成为一名著名的律师、医生、商人、科学家、制造商或是学者，而是要成为一个好人，做最好的自己。"我们的理想、我们的希冀，就是我们未来命运的预言者。

向往光明的善男信女们，要长存着希望，这种向上的激情就好像一些树，有着对阳光天生的不可遏制的渴求。这让它们冲破层层阻碍，勇往向前，以一种迂回的方式渐次上升，绕开一切阻碍，向上爬呀爬，最终到达顶端，俯视着整片森林。它们昂起骄傲的头颅，在清新的空气中，沐浴着阳光，惬意地摇摆。

崇高的理想与果敢的决定是推动世界前进的重要动力。若是没有了理想与果敢，到哪里去找伟大的艺术家、杰出的诗人以及音乐家、雕刻家、发明家或是科学家呢？诸如南丁格尔[①]、利文斯通[②]、莫德·巴灵顿·布斯[③]或是乔治·穆勒[④]等将毕生精力奉献给人类的博爱者将难以寻觅。

拥有崇高理想之人是人类前进的守护者。他们不畏艰险，弯着腰，不顾额前的汗水淋漓，一代一代地前赴后继，将荆棘

---

① 南丁格尔（Florence Nightingales，1820-1910），世界上第一个真正的女护士，开创了护理事业。

② 利文斯通（David Livingstons，1813-1873），苏格兰公理会的先驱者。

③ 莫德·巴灵顿·布斯（Maud Ballington Booths，1865-1948），美国救济会领袖，创办了全美志愿者机构。

④ 乔治·穆勒（George Muller，1805-1898），基督教福音主义者。

劈开，铺就一条康庄大道，让历史进步的车辙飞速奔跑。

理想主义者是充满想象力、富于希望的，是洋溢着生气与能量的。他能看到未来的愿景，敢于梦想，生活在一个充满希望、幸福的世界，不断散发着活力。正是他们，让煤炭为人类服务。

对于理想主义者而言，他们的形象就好像"大西洋冲刷海岸时所散发出的泰然与从容"。让平淡的生活漾起波澜的，正是背后那股"潜藏的力量"。

埋下一块卵石，它将永远地遵循万有引力定律了；埋下一颗橡子，它将遵循一种向上的法则，不断地向天进发。橡子里潜藏的能量战胜了地球的诱惑。所有的动植物都有一种向上跳跃与攀爬的趋向。大自然在所有存在之物的耳旁低声细语：嘿，记得向上啊！而作为万物之灵的人类，更应有一种"欲与天公试比高"的气概。

卡莱尔[①] 说："可怜的亚当所希冀的，并不是品尝美味的食物，而是去做高尚与富于价值的事情，以一个上帝子民的名义实现自己的潜能。指引他如何去做吧，最让人烦闷无聊的工作，都将燃起团团激情之火。"

菲利普·布鲁克斯[②] 说："悲伤是难以避免的。当我们全然满足于自己所处的生活、自己所做的行为、自己的所想所思

---

① 卡莱尔（Thomas Carlyle, 1795-1881），苏格兰散文家和历史学家。
② 菲利普·布鲁克斯（Phillips Brooks, 1835-1893），美国教士与作家。

时；当我们不再需要时刻在灵魂的大门上敲打，驱使我们为着自身更为高远的目标奋斗时，我们是上帝的孩子。真正理想的生活在于一种圆满，弥漫于生活的每个角落。在事物的表象之下，仍能感受到应有的跳跃。"

乔治·埃利奥特① 说："当我们充实地活着，是不可能放弃对生活的盼望或是许愿的。生活中总有一些让我们觉得美好与善良的东西，值得我们为之去追寻。"

"人们永远也难以达到心中理想的标准，"马格莱特·福勒·奥所利② 说，"正是不朽的精神让这个理想的标杆越来越高，让我们不断地前进，直至浩渺的未知远方。"

理想是激励我们前进不竭的源泉。没有了理想，任何方向的前进都变得不可能，反而会带来深深的失落之感。金斯利③ 说，世上唯一让人难以原谅的懦夫行为，就是放弃努力，让自己时刻冥想，而不亲自努力去尝试。让我们以一种尽善尽美的态度去营造我们灵魂的寝室，仔细地做好计划，有序地实现心中的理想。

我们切不可误认为，真正实现理想的人生，只是属于那些在世上成就了惊天动地伟业的人。一位女裁缝从早到晚在穿

---

① 乔治·埃利奥特（George Eliot，1819-1880），英国作家。

② 马格莱特·福勒·奥所利（Margaret Fuller Ossoli，1810-1850），美国记者、评论家。

③ 金斯利（Kingsley），查未详。

针引线，以自己的努力养活家庭，贫穷的补鞋匠坐在长凳上认真忙活着。 与那些伟人相比，他们也是在真切地实现着自己的理想。

奥利弗·温德尔·霍姆斯[①] 说："一个人所处的位置并不是最重要的，他所前进的方向才是最紧要的。"这就是我们所要为之苦苦追求的理想。真正构成你生活基调的，并不是你所做的工作，而是你所具有的精神状态。不论你的工作或是地位是否卑微，你仍可做到最好的自己。

从一开始，我们就该认真的扪心自问：我们的理想是什么呢？我们的步伐将到何处呢？一个低俗与志趣不高的目标，只能猎取一个"生活中尚值得尊重的位置"。

每个人的灵魂之中都隐藏着上帝的某些理想。在生活的某个时段，我们每个人都会感受到一种震颤，一种对美好行为的向往。生命最为高尚的清泉，隐藏于做到最好冲动的背后。

也许，在今日的美国，最为时尚、最为流行的字眼，非"成功"二字莫属。这两个字充斥着所有的新闻报纸与杂志，让社会各个阶层的人都为之狂热——这两个字让人们铤而走险，将所有的不良行为归咎于此。美国的孩子从小就接受这种教育，对"成功"更是达到了顶礼膜拜的地步。成功是人们生活中"一切的一切"。在这个词下面，掩藏着许多人类的罪

---

① 奥利弗·温德尔·霍姆斯（Oliver Wendell Holmes，1809-1894），美国作家、演说家、作家。

恶。许多美国年轻人学习的楷模，就是那些身无分文只身到芝加哥、纽约或是波士顿这样的大城市闯荡的人，来时口袋空空如也，死时腰缠万贯。年轻人将这些人视为成功的榜样，他们看到这个世界都在围绕着金钱而转，而对他们做什么或如何获取金钱则一概不管。一个人在死时，倘能留下百万家财，不管他生前是如何赚取、如何挥霍或是如何积攒的，也没人会去问一句；这个人是否富于才华、视野广阔，品格是否高尚抑或狭隘、卑鄙甚至邪恶，人们仍会将他的一生归结为成功。不论此人生前是否想方设法压榨员工，让自己的财富建立在别人贫穷的基础之上；不论他是否觊觎邻居的土地，千方百计地搞到手；不论他的孩子在心智上、道德上是否存在严重缺陷，让自己的家庭遭殃。假如他能留下百万家财，人们仍会将他的人生视为一种充满胜利的人生。这种在民间传扬的成功哲学，让那些嗷嗷学语的孩子们耳濡目染，也就不足为奇了。

千万不要教会年轻人将成功视为获取财富或地位，并将此视为幸福生活的唯一条件。

许许多多善良的男女，他们原本想致力于服务他人——努力帮助老弱病残——但在现实生活中，他们却没有机会让自己接受教育或是变得富有。其实，即便他们按照世间的成功标准成功了，也是难以保证从此就可以高枕无忧。许多穷苦的女人，在病房里度过人生或是做着卑微的工作，但她们所达到的成功，远比一些百万富翁更为高尚。

不要尝试去追寻难以企及的目标。努力去提升自己，这是在你能力范围之内的，但是没有必要强求自己去做自身办不到的事情。许多人都有被这样的幻觉迷惑的经历，将目标定在自己的能力范围之外，完全超出了自身的执行力。你可能对于自身才华或是能力充满信心，但一个前提就是要有自知之明。

一些年轻的男女初涉社会之时，将理想中的成功仅限于财富的累积或是做一些让人们为之鼓掌的事情。这是让人倍感遗憾的。因为，按照这种标准行事，许多人必将是生活的失败者。

后生之辈，若能多与品格高尚者多加接触，耳濡目染，亦能获益匪浅。父母、朋友、老师不仅是孩子们模仿的对象，更能对他们是否形成远大的理想产生重要的作用。他们可向孩子们推荐优秀的文学著作，以一种凡事做到最好的激情来激励他们。家长与老师在引导年轻人树立远大志向上，具有难以估量的作用。

无论怎样，朋友、伙伴与榜样的作用是巨大的！诚然，我们所交的朋友受环境所制约。因此，我们在自己能力范围之内，要小心择友。

据说，杜加德·斯图尔特① 将爱的美德灌输给了几代学生。

---

① 杜加德·斯图尔特（Dugald Stewart, 1753-1828），苏格兰哲学家。

已故的科伯恩爵士[1] 曾说："对我来说，他的演讲就好像打开了通往天国的大门。我感觉自己拥有了一颗灵魂。他那深远的见解缓缓流淌于充满睿智的句子中，将我带到了一个更为高远的世界，全然改变了我的习性。"

每个学生不大可能去挑选自己喜欢的老师，但是每个有灵性的学生，都是可以选择与自己志趣相投的人交往。

一个人的理想或是生活方式，是一条牢牢捆住个人视野的绳索。只要理想与生活方式不发生变化，一个人的心智或是生活就不会有多大的波澜。伊丽莎白·斯图亚特·普尔普斯[2] 在著作《埃利斯的故事》中写到一个人对"杯形糕饼有着强烈的兴趣"时，她想让所有认识她的人都有一种着迷的感觉，在地面上铺就辫子形的地毯也是她的一个理想。她平时做好家务，而在空闲时间里，则是专心于用各种颜色去将各种各样的鸟类或是动物，甚至是将一些根本不存在的动物绣在地毯上。她没有时间去阅读，参与丈夫与孩子们的消遣与游戏，也没有时间去感受时代变迁的脉搏。她的人生，正如其理想一样，相对而言是微不足道的、狭窄的，没有给孩子留下一个好的榜样，没有给丈夫一个好的陪伴，以及为自己的发展提供空间。

没有远大的志向，我们就像老鹰难以展翅。我们应该展

---

① 　科伯恩爵士（Lord Cockburn），查未详。

② 　伊丽莎白·斯图亚特·普尔普斯（Elizabeth Stuart Phelps，1844-1911），美国自传作家。

翅翱翔，志向就是让我们"乘风破浪，云游四方"的双翅。没有理想，我们只能在低空盘旋。克利勒博士曾说，达尔文关于老鹰翅膀进化的过程是富于建设性的。老鹰向下俯冲的欲望在有翅膀之前就有了。经过漫长岁月的演进与适应自然，最后拥有了一对强有力的翅膀，双翅展开，足有7尺之长，让它随心所欲地向天际翱翔。这带给我们的教义，就是每一个有意义的试验与进取意图都是前进的一部分。每次尝试都让老鹰的翅膀更为坚韧。

若是失去了对卓越的追求，最高尚的品格都会逐渐堕落，因为，这是所有品格的支柱。对卓越的渴求是上帝的声音，催促我们不断完善自己，唯恐我们忘记了上帝的恩赐，再度沦落到一种野蛮的状态。这一原则是人类不断进步的重要推动者，上帝的声音响彻于人的肺腑之间。在我们的行为中，正是这种声音轻轻呼唤出"对"与"错"。当造物者按照自身的影像塑造我们时，我们的最高理想亦不过是上帝赐予的这份礼物。

乔治·A·戈登牧师[①] 说过："良好的品行可能会受环境的影响。但是良好品格本身是不会从遗传中获得的。这是以每个人行为的一针一线编织成的美丽的织物，以期望与祈祷来构筑。理想的愿景，果敢为人，希冀与人能有一个更为公正的关系，能与上帝愉悦地交流。正是这些品质，让到处充满棱角的

[①] 乔治·A·戈登（Rev George A.Gorden），美国演说家，生卒不详。

社会散发出金子般的光彩，这与我们忠诚与远大的志向是分不开的。"

　　让自己的人生按照完美或是残缺的模子去塑造，这完全取决于你。若你聪明地做出抉择，然后坚持不渝，你将成为一个高尚的人。

自我尊重
ZIWOZUNZHONG

第三章

只有把抱怨环境的心情，化为上进的力量，才是成功的保证。

——罗曼·罗兰

通往失败的第一步，就是从自我怀疑开始的。

我们要教会孩子们去迎接一个成功的生活，让他们相信自己可以发掘上天赐予的潜能，就好比橡子最终必将成为一颗巨大的橡树一般。孩子的成长应该沿着这种信念，不断前进。但却有不少老师，反其道而行之，总是不停地在说，孩子们会通过不了背诵或是考试，而不是给予他们鼓励，让他们充满自信与希望。

无数的例子都在阐明一个道理：倘若孩子们在早年能够感受到一点，即他们的父母与老师尊重他们的思想与能力，并且对他们的未来寄予厚望，那么，他们就可以免去在疑惑与恐惧中独自探索多年了。有人依赖我们、相信我们，比起那些毫无期待的人而言，我们会变得更加可靠，更加努力追求自己的价值。这个事实不断为一位著名的教学导师所证明。他是负责橄榄球的托马斯·阿诺德[①]，他让数以千计的学生避免了一些失

---

① 托马斯·阿诺德(Tomas Arnold, 1795-1842)，英国教育家、历史学家。

礼的异常举动，因为，这些学生不想让"这位将他们视为学者或是绅士的老头子失望"。

如果我们想要获得成功，就必须要期望成功。不要一味地自我怀疑或是发表一些悲观的言论，让自己处于一种不和谐的氛围之中。对失败的恐惧，对自己能力的时刻怀疑，这让许多高尚的灵魂离成功总是咫尺之遥。我们要笃信一点，如果找不到一条出路，那么就创造一条吧，你将会取得成功的。

当一位聪明与有能力的人表达了自己必将能做到最好的信念时，我们有必要对其给予关注与信心。尽管可能他过去的行为不足以支撑这个论调。

当约翰·卡尔霍恩① 在耶鲁大学就申请入学的问题被一位同学讥笑时，他反驳道："什么？先生？我必须要充分利用时间，这样我日后才能在国会中实现自己的价值。"当他发表一篇演讲时，有人发出了讪笑。他这样说："你们有什么怀疑吗？我可以向你们保证，如果我不相信自己有能力在未来三年内成为国会议员的话，那么，我今天就会离开这所大学。"

有时，在别人眼中看起来是狂妄的自大，但通常只是说话者对自身能力的一种强烈的自信。伟大之人通常都会有这种强烈的自信。华兹华斯在年轻时就敢确定自己日后在英国文学史上的地位，并且毫不掩饰自己的这种想法。但丁也并不羞于

---

① 约翰·卡尔霍恩（John C.Calhoun，1782-1850），美国第七任副总统。

预测自己辉煌的未来。开普勒① 曾说，同辈人是否看他的书，其实并不重要："我可以等上一个世纪，让百年后的读者去阅读。为什么不呢？因为上帝等待我这样的观察者，也有上千年了。"恺撒② 曾对害怕暴风雨的士兵们豪迈地说："不要害怕！你们跟着的是我——恺撒。你们会拥有他的好运的。"

弗路德③ 曾这样写道："一棵树要想开花结果，根系必须要深深扎根土壤。一个人必须要凭借自己的双脚站立在这个世界上，尊重自己，不要坐等别人的施舍或是百年一遇的机会。正是在这些基础之上，我们方可逐渐营造心灵的灯塔。"

艾利亚斯·豪依④ 在试验缝纫机器的时候，忽视了家人与工作，生活在穷苦与悲惨之中，被人们所嘲笑。但是，他对自己能够取得成功充满了信心。最终，他给这个世界上带来最富于价值的发明创造。

那些在不信任、嘲笑、沮丧的包围下，仅凭对自身的信心，突破重围的人的名单是很长的。这其中包括了萨缪

---

① 开普勒（Kepler，1571-1630），是德国著名的天体物理学家，提出了著名的行星运动三大定律。

② 盖乌斯·尤利乌斯·恺撒（Julius Caesar，前100-前44），罗马共和国末期杰出的军事统帅、政治家。

③ 弗路德（James Anthony Froude，1818-1894），英国历史学家、作家。

④ 艾利亚斯·豪依（Elias Howes，1819-1867），美国发明家，缝纫机器的先驱。

尔·B·菲尔德[1] 与塞勒斯·W·菲尔德[2]，还可以追溯到哥伦布[3]，在那之前，也还有许许多多让世人铭记的名字。

倘若一个人对自己都缺乏充分的尊重，那么，要想别人对你有高度持久的信心是不现实的。

那些不时自贬、总是埋怨自己时运不佳、命运多舛的人，并不少见。一个人要是失去了对自己能力的信心，岂能期望成功呢？催眠师能够在催眠的过程中将一个人的自信夺走，即便你是一位运动员，你也会没有力气从椅子上站起来。那些在生活中时常抱怨命运不顺，总是觉得成功只是别人的，而离自己是那么遥远的人，必然是失败者。因为自信是所有成就的基石。

华盛顿·欧文[4] 说过："心灵健全与富于自律才华的人，必然是社会所极为渴求的。但是，这种能力绝不是由于畏惧外部世界，蜗居在家中而获得的。"

这个世界相信那些相信自己的人，而鄙视畏缩不前的人。因为一个不敢自我确定的人，不相信自己判断能力的人，总是

---

[1] 萨缪尔·B·菲尔德（Samuel F.B.Morse，1761-1826），美国发明家，发明了电报。

[2] 塞勒斯·W·菲尔德（Cyrus W. Field，1819-1892），美国商人与金融街。

[3] 克里斯托弗·哥伦布（Columbus，1451-1504），西班牙的著名航海家，是地理大发现的先驱者。

[4] 华盛顿·欧文（Washington Irving，1783-1859），美国作家、历史学家。

想着从别人那里获得建议，不敢为天下先的人，怎能对他有大的期望呢？

在这个拥挤与竞争激烈的世界，适合畏畏缩缩与犹豫不决的人生存的空间极度狭隘。在今天这个时代，那些想要获得成功的人，必须要敢于冒险。一心想着走安全路线的人，难以胜出。

正是天性乐观积极的人，在紧急状况下仍相信自己有能力去应对的人，才能获得别人的信任。人们之所以爱戴他，因其勇敢与充分的自信。

一般而言，在世上取得非凡成就的人基本上都是那些勇敢，富于进取心与自信的人。他们敢于从芸芸众生中踏出勇敢的一步，以一种让世人诧异的创造性方式脱颖而出。他们对于别人的看法不予理会。他们深谙爱默生当年的忠言：坚持自己，不要模仿。通过人生不断的积累，必然能将自身的天赋全然地释放出来。但是照搬别人的想法，你已然失去了一半的智慧。每个人都能做到最好，做到造物主所要求的。

在人生的这场戏剧中，担任自己喜欢的角色是极为重要的。如果你想扮演一位成功之人，就必须要有具备成功人士的心理态度，外在的风度。所以，如果你想成功，这些是必不可少的。

一位敏锐的观察者在大街上可以辨认出那些生活的失败者。因为他们的脚步没有力量，彷徨无助的眼神已将内心的惶恐展露无遗；他们的穿着、仪表无不彰显出他们的无能。

他们的每一个动作都是那么的杂乱无章，没有规律。

另一方面，通过他们的风度与行为举止，辨认出成功与有能力的人也是很容易的。如果他是一位领袖，那么从他的每一步、每个动作都会彰显出来。他的仪表散发出自信，走起路来，昂首挺胸，给人一种泰然自若的感觉，让人相信他有能力去做好某件事，获得好的结果。他那种自信的磁场是成功与才华的一种指标。

世界按照我们对自身的评判来判断我们，这是很有道理的。自身的价值是自己所创造的，但不能期望世人对我们有过高的评价。

你真能融入社会吗？人们注视着你的脸与眼睛，审视着你对自己的评价。假如他们给你的是低分的话，那么他们根本没有必要去探问，你是否是这样想的。他们认为，你是与自己生活时间最长的人，你应该比任何人都更加清楚地知道自身的价值。

内森·罗斯柴尔德① 对托马斯·巴勒斯顿② 说："我的成功归咎于一句格言——别人能做之事，我亦能。所以，我能，无限可能。"

如果你想将自身的潜能发挥到极致，那么，你就要笃信

---

① 内森·罗斯柴尔德（Nathan Rothschil，1777-1836），英国银行家、金融家，罗斯柴尔德家族的创始人。

② 托马斯·巴勒斯顿（Tomas Buxton，1812-1880)，南方联盟（1861-1865）政治家。

一点：自己天生就是为成功而制造的，自己必然能够取得成功，不论有什么艰难险阻。绝不要让任何疑惑的阴影闯进我们的心灵。造物者希望你能赢得这场人生的战斗。

自信拥有将所有机能调动起来，联合起来的神奇力量。不论一个人多么才华横溢，如果他没有了自信，那么他的才华也是难以发挥出来的。没有了自信，他就无法将心理活动与现实联系起来，协调自身的能力，当然也不能取得任何成就。

许多人之所以失败，并非是因为他们缺乏对自身缺点的了解，而是因为对自身的才华视而不见。

要想在生活中取得成功，自信与能力本身都是极为需要的。假如你还没有自信的话，那么最好的获得方法，就是设想自己已经具备了应对生活所有挑战的能力，让自己洋溢着自信的气息。这样，你不仅能以自己的能力鼓励别人，更重要的是，你会逐渐地自信起来。

相信自己。当别人对你怀疑的时候，你仍可能取得成功；当你对自己怀疑起来，成功就无望了。

弥尔顿这样说过："对我们自身虔诚与适宜的尊重，这是成就值得赞美与富于价值的事业的源泉。"

自我鞭策
ZIWOBIANCE

第四章

　　征服自己需要更大的勇气，其胜利也是所有胜利中最光荣的胜利。

——柏拉图

　　"成功的秘诀，"奥利芬[1] 女士说，"就是知道如何节制自己。倘若你知道如何鞭策自己，你就是自己最好的教育者。向我证明，你能够控制自己。我就会承认，你是一个富于教养的人。没有这种自控力，所有的教育亦是徒然。"

　　早年的阿伯拉罕·林肯[2] 脾气十分暴躁，经常与人争辩。后来，他学会了自我控制，成为一个最有耐心的人。他曾这样描述自己的这种性格："我是在黑鹰战争期间，懂得了控制自己脾气的必要性。自此之后，这种良好的习惯就伴随着我。"这也是林肯善于调动别人能力的主要原因。

　　格兰特将军[3] 也同样是一个泰山崩于前而面不改色的人，他拥有极强的自我控制能力，无论是在军队将败的时候，抑或

----

　　[1]　奥利芬（Oliphant），查未详。

　　[2]　阿伯拉罕·林肯（Abraham Lincoln, 1809–1865），美国第十六任总统。在位期间，宣布了《解放黑奴宣言》赢得了内战。

　　[3]　格兰特（Ulysses S. Grant, 1822–1885），美国第十八任总统。

是在华盛顿举行的盛大的检阅仪式上，还是欢迎军队的胜利凯旋之时，他都是那么的冷静自若。

法国著名哲学家狄德罗① 曾说："冷静与从容的人，才是自己气质、声音、行为、举止乃至每个细节的发号施令者。他们能让别人乐意地为自己工作。"歌德也说过："那些掌控不了自己的人，谈何管理别人？"

以爱尔兰著名领袖查尔斯·斯图尔特·帕内尔② 为例。他在年轻时，脾气大的不行，常常难以自控。他之所以被逐出剑桥大学，是因为他一时气愤，打倒了两个人。其中一个被他打倒的人，看见他坐在路的一旁，就好心地上前问了一句："你好，你没事吧？"帕内尔的辩护律师承认了帕内尔所犯的错误。他的这种炫耀武力的愚蠢做法被法院罚款25几尼。

不止是愤怒，还有尴尬惶恐紧紧地控制着他。当他做自己的第一次演讲时，差点昏厥于讲台之上。这让许多选民对他极为失望，改为支持其他候选人。

数年之后，当格拉斯通③ 成为大英帝国首相，在谈到帕内尔时，他这样说："帕内尔是我见到的最为杰出的人之一。我

---

① 狄德罗（Denis Diderot，1713-1784），法国哲学家、文艺评论家、作家。

② 查尔斯·斯图尔特·帕内尔（Charles Stewart Parnell，1846-1891），苏格兰政治家。

③ 格拉斯通（William Ewart Gladstone，1809-1898），英国政治家，曾担任英国首相。

在演讲中对他进行了长篇幅的指责。但是，他始终静静地坐着，一动不动。他仔细地聆听着，面容诚恳，没有显露一丝情感，没有一点急躁，显得这与自己无关。他的冷静，以最为简洁的方式去处理事情，对议会成员的想法全然不予理会——这真是让人大为惊讶。这完全不像一个正常人在这样的场合应有的反应！"

在一些优点之中，也许在演讲中自我控制的能力对于女人的一生是最为重要的。这种习惯的养成必须要在早年就开始培训，否则日后就要下苦功夫才能获得。即使不能在女孩阶段养成，也要争取在少女时期树立起来。我看到许多原本很有前途的人，正是在一些所谓的"合理的挑衅"下，将一些恶毒之语、鄙视、愤怒展现出来，给幸福投下了阴影。有时候，我们的唯一责任，就是紧闭嘴巴，不置一言。

曼特农① 宣称，女人的能力在礼仪方面最高的表现，就是一种安详的状态。生活中一般的烦恼原本都是可以避免的，当我们感到烦忧时，记住沉默是金这个法则。

查尔斯·巴克斯顿称，不论男女，他们的天性都是易怒的。但在现实生活中，却可以做到对人温柔，富有爱心，博爱与周详，无私与慷慨。

当我们遭到严重挑衅的时候，忍住怒发冲冠的冲动，紧闭那张可能随时会说出恶言毒语的嘴巴，即使是在自己的痛处

---

① 曼特农（Maintenon，1635-1719），法王路易十四的第二任妻子。

被攻击之时，也要保持冷静与泰然，这需要一种精神上的耐力与性格的力量，这比单纯的体力运动的耐力更为伟大与崇高。

有些人以为，急躁与难以控制的脾气是精神高尚的表现，这是多么浅薄的愚见啊！这完全是站在错误的认知的一面。一般而言，火爆的性情和完全屈服于此种脾性的表现，都是一种心理失衡的表象。真正高尚的性格基本上都是恬淡的，一般不会轻易偏离原先的平衡。

F.W. 罗伯森[①] 说："品格的力量在于两方面——意志的力量与自我控制。在生活中，品格的这两方面时常被强烈的情感与自我意识所控制。我们误认为，情感强烈就是一种强有力性格的表现。一个能自我控制的人，不让自己的皱眉给家里人带来不悦的情绪，不让自己的愤怒使孩子们为之惊颤——因为他能够控制自己的意志，然后冷静处事，这才是我们所称赞的'真正的男人'。但事实上，他也是一个脆弱的人。但只有那些被如洪水猛兽般激情吞噬的人，才是真正的弱者。衡量一个人，要看他克制自己情绪的能力，而不是被情绪克制的能力。所以，镇静自若通常是力量的一种最高体现。我们是否曾见到过一个人在遭受到别人无端的羞辱时，脸上只是稍有点变色，随即又能淡淡地给予回答呢？这种人的神经实在是强大。我们可曾见到一个人，内心虽极度苦闷，但是仍极有风度地言谈举止，仿佛自己是在坚硬的磐石上雕刻的一件艺术品。抑或是一

---

① F.W. 罗伯森（F.W.Robertson），十九世纪英国牧师，生卒不详。

个人每天都在忍受痛苦的打击，却保持缄默，不愿诉说是什么让一个家庭由和睦到分崩离析。这就是一种力量的体现。一个怒火中烧的人，仍旧举止得体；一个天性敏感的人，随时可能在愤怒中爆发，但在遭受挑衅之后，仍旧选择克制自己与宽容——这些人才是真正的男人，真正的精神英雄。"

世上没有比成为"自我控制的君王"更为让人自豪的了。威廉·乔治·约旦① 说："人有两个创造者—— 一是造物者，二是你自己。造物者赐予我们存在于世上的生理基础，以及人类生存的法则。第二个创造者——也即我们，同样拥有神奇的力量，但是真正实现这种力量的人却凤毛麟角。真正重要的，是一个人如何利用自己。人类天生的弱点可能是环境所致，但其力量则是环境的改造者。他是环境的被动受害者或是胜利者，完全取决于自己。在漫长的历史卷轴里，自我克制常常出现于最为精彩绚丽的篇章里，也出现于日常生活的点点滴滴中，在这两个场合中所展现的，在善意与含金量上是一致的，唯一不同的，是在一个程度上。善于自控的人能够获得自己想要的，这只是一个我们是否愿意付出代价的问题而已。自我控制的能力是我们人类区别于低等动物的一个重要体现。人类是唯一一种能够进行道义上的斗争与道义上征服的动物。世界每向前走一步，其实都是人类对自己的一种全新的自我控制的体现。我们已在从对某一事实的专横态度到理性掌握事实的过程

① 威廉·乔治·约旦（William George Jordan, 1864-1928），美国编辑与作家。

中转变了。

在生活的每个时刻中，人不是自身的主宰，就是自己的奴隶。当人屈服于一个错误的欲望，向人类的弱点投降，向环境作出无条件的妥协时，他就是一个彻头彻尾的奴隶。当他日复一日地将人性弱点击碎，将心灵中所有反动的情绪牢牢掌控，走出过去所犯的过错与愚昧，重塑自我时，他就是一个至高无上的君王。

自我控制能力对性格的形成与发展有着巨大的作用，与人生的成功有着紧密的联系。

每个人都有两种天性：一种天性总是向往真善美——受那些积极向上、净化心灵的行为所鼓舞，这是上帝的影子在人心中的体现，是精神上的一种不朽，同时也是灵魂的一种引力，让我们心向无所不能的造物者；另一种则是野蛮的天性，总是拽着我们往下掉。

我们只有通过在小事上的自控锻炼，方能在大事上拥有同样的自控能力。我们必须要仔细研究自身的弱点，到底是什么让我们无法取得最大的成功，这应是我们在开始自控锻炼时的一种正确的态度。是自私、虚荣、懦弱、病态、脾性、懒惰、忧虑，还是三心二意没有目标，无论这些人性弱点如何乔装隐藏，都必须要找出它们。在生活的每一天，我们都要将自己的存在限在这一天，仔细地了解自己、完善自己。

我们要活在今日，活在当下——今天是唯一彰显我最美好一面的时候，今天是唯一让我克服自身弱点的时候。我们的人性弱点稍有冒头，就该防患于未然。在这场战斗中，我们要成为每时每刻的胜利者。君王与奴隶之间，何去何从，高下立见。

每个时刻记得举止优雅与得体，每个时刻都是富于意义的。若你逃避责任或是让勇气打折，品格就矮了一截。难道我一定要向现实低下高傲的头颅，为一些鸡毛蒜皮的小事大动干戈吗？心灵是可以超脱于纷繁俗世的。让希望、梦想、期望与自信都能乘着双翅，引领我们俯瞰生活的一次次小小的暴风雨，不再纠结于那些毫无价值的事物，让我们探出头颅，呼吸新鲜的空气。

天使的日记
TIANSHIDERIJI

第五章

　　为了成功地生活，少年人必须要学习自立，铲除埋伏在各处的障碍。在家庭要教养他，使他具有为人所认可的独立人格。

——戴尔·卡耐基

我们所有的行为，乃至每个最为微小的细节，都被一支如椽大笔扎扎实实地记录下来。天使的日记并没有什么神秘之处——在我们每个人的心中，只是一种习惯的力量。

有人将习惯称为人的第二天性，而且还是一个蛮不赖的天性。神经系统有一种趋向，就是每隔一段时间，重复一种相同的行为模式。科姆博士称，所有的神经疾病都有一种明显的趋向，就是在一段时间里，时常出现类似的行为。"如果我们每天在相同的时间段里重复相同的心理行为，那么，当这个时间段到来之时，我们会毫无征兆地进入以往类似的心理状态。"

这其实也普遍存在于动物世界的神经系统之中。万斯医生曾这样描述过："这是一个关于消防队一匹马的故事。在纳什维尔，消防队在坎伯兰河的东面有一辆消防车。从这个消防队到达市区，必须要向西走六个街区，直达伍德兰大街，再穿越横跨坎伯兰的一条长长的大桥，最后到达广场。在听到第一声火灾警报声的时候，纳什维尔消防局的队员们必须马上赶到市广场，集结待命，作为后援。在第二声警报声之后，就要迅速采取行动了。一天晚上，警报声响起来了。马匹各就其位，消防员则站在消防车后面。当马匹全速奔跑的时候，骑手却跟不上脚步，被抛在后头。马匹直往大街的方向前行，全速进发。在后面的消防员们庆幸自己没有驾驭着这些马匹。穿过了大桥，绕过了弯路，到达了指定的地点，马儿终于停下了脚步，等候进一步的命令。当骑手上气不接下气赶来的时候，却发现一切安好。他们发现，沿着大街主干线奔跑的习惯已经深入马儿的骨髓了。同理，相同的反应也出现在人的身上。骑手们将脸靠在这些憨态可掬的朋友身上，轻轻地拍打着，低声赞扬，为自己成为一名骑手而感到骄傲。"

人也是可以将习惯变成我们的一个良好伙伴的。

教育的一个优点，就在于让我们的神经系统与我们站在同一阵线，而不是对立面。我们所获取的知识必须要加以利用，让自己悠游从容的生活。因此，我们必须要让一些积极与正面的行为成为一种自然与习惯，同时提防把我们引入歧途的行为习惯，一如抵抗疾病。

在所有动物的本性深处，都潜藏着一种通过不断重复的行为达到趋利避害的惯性，我们称之为习惯。

其实，一个人的一生就是一个不断抒写自传的过程。在我们控制范围之外，是心灵的留声机，它忠实地将每一个极为微弱的思想，每一个细小的举动，每一次轻微的感想，每一个动机，每一个期望，每一个目标，每一分努力，每一次自我鼓励，都牢牢地印记在大脑的组织之中。

若是年轻人对自己心智的呼唤置之不理，让自己陷入一个恶性循环，养成低效与懒惰的习惯——他所遭受的损失是日后所难以弥补的。

对中年人而言，所养成的习惯基本上已经命定了他们的余生。因为，我在过去二十年里一直做的事情，难道在今天就能幸免吗？对一个懒惰成性的人，要他明早一下子变得勤奋，概率几何，不言而喻。同理，要让奢侈的人变为节俭，让淫荡的人收获美德，让满口秽语、愚昧无知的人突然间说几句暖人心窝的话语，这太难啦！

"习惯是第二天性吗？不！习惯彻头彻尾就是我们的天性。"威灵顿公爵[1] 如是说。

卡朋特医生说："如果我们从小能养成一些良好的习惯，这对我们是极为有益的。这让我们可以很自然地去做一些事情，不然的话，就需要我们拥有强韧的意志去完成。一些作家从长时间的实践经验得知，若我们能让心理活动以一种有条不紊的方式进行，可省下许多精力。"

若是通过不断重复某一行为，就可获得一种娴熟的技能，这样，什么工作都会事半功倍。具有熟练技能的人也比较容易取得成功。随着人们在各行各业上不断拓展自身的专业知识，

---

① 威灵顿（Duke of Wellington，1769–1852）。

随着竞争压力的增大，能在不同工作上都取得让人满意的结果，就变得越来越困难。随着时代的飞速发展，那种全才型的人将变得越来越稀少。如果想要在某一方面卓有成就，就必须将精力集中于某一个特定的目标。"我只有一盏指引我前进的灯火，"帕特里克·亨利[①] 说，"这就是一盏经验之火。"

过往时代残留的神秘莫测的一些影像对我们每个人都有一定的影响，赐予我们每个人一定独特的性格，谁也难以逃避或是超脱。一个少年，一个中年人，可以逃避自己的父母，但绝对无法逃避自己。他可能对自己身上所遗传的特性并不满意，甚至是极为反感，但这是难以抹去的。在毫无征兆与不知不觉中，他们必须要遵循某种依附于自身的特质。他们并非是这些特质的奴隶，而是应成为和谐共处的"一家人"，与其共同发展。

F.W.罗伯森说过："种瓜得瓜，种豆得豆，而不可能种瓜得菜。一个充满爱意的举动让灵魂更具爱心，一个谦卑的行为，更增添了自身的谦逊。我们所收获的，是播种的数百倍。如果你将生命看成是一颗种子，那么，你将收获永恒的人生。"

"在英国所有为大众所接受的格言警句中，"托马斯·休斯[②] 说，"再也没有比'播种野麦'这句所谓的格言更让人反感的了。如果你认真审视这句话，不论从哪个方面上去想，我都敢

[①] 帕特里克·亨利（Patrick Henry, 1736-1799），第一位弗吉尼亚州总督。

[②] 托马斯·休斯（Thomas Hughes, 1822-1896），英国律师、作家。

说，这是一句邪恶的'格言'。无论是对于一个年轻人、老年人抑或是中年人，播种野麦的话，都将一无所获。我们唯一要做的，就是小心翼翼地将野麦投进熊熊烈火的熔炉之中，让它们化为灰烬。倘若你要播种它，无论在什么土壤，生长多久，只要太阳还在天边挂着，它们终将长成长长的、坚硬的根系，还有各种细枝末叶。这是一种魔鬼喜欢的作物，它们乐见这种植物的蓬勃生长。而我们却只能两手空空。"

这是一个有关柏拉图的故事。柏拉图[①]曾斥责一个在玩着愚蠢游戏的男孩。男孩说："你就因为这点小事，就责骂我吗？"柏拉图语重心长地说："但是，我的孩子，习性绝不是一件小事啊。"品性构成的全部秘诀就在于这个词语：习性。不良的习性冷却凝固之后，就变成坚如磐石的习惯了。这是一种具有极强专制性的东西，让我们陷入恶行之中，不能自拔。习惯让我们成为其奴隶，俯首就擒。汉斯·洛克[②]曾说过，维持心智的活力，与习惯的"帝国"展开一场竞争，这是道德自律上的一个重要结果。

罗斯金[③]说："生活中的任何错误或是愚昧都让我寝食难安，将我的快乐带走，削弱我的控制力，让我视野模糊，思想混沌。而我过往的每次努力，每次正义与善良的举动，都会在

---

① 柏拉图（Plato，前427－前347），古希腊伟大的哲学家，也是全部西方哲学乃至整个西方文化最伟大的哲学家和思想家之一。

② 汉斯·洛克（Hence Lock），查未详。

③ 罗斯金（John Ruskin，1819－1900），英国文艺评论家、社会思想家。

我心头泛起，让我抓住时机，看清自己。"

"今天我的性格，基本上只是过往所有思想、怀抱的情感以及所有行为的一个混合物而已。"C.H. 帕克赫斯特牧师[①]说，"这完全就是我过往岁月的一个汇总，打包起来，然后凝结成现在这副模样。所以，性格其实就是个人生活的一个精华的萃取。所以，每个了解我性格的人——这背后并没有什么秘密可言——他们一些人认识我四十多年了，知道我一直在干什么，在想些什么。因此，性格几乎可以说只是凝固了的习惯而已。"

品行端正，这是正确行为习惯固定下来的一种表现。有些人说不了谎话，他们说实话的习惯已经改变不了，已经融入到他们的血液之中了。所以，他们的性格上也有这种难以擦拭的真诚烙印。我们都会有这样的体验，就是有些人基本上每一句话都是不容置疑的，让人根本就无须怀疑其真实性。也有一些人总是谎话连篇，他们性格中习惯性的虚假让人怀疑，而人们的这种疑虑也延伸至他们所说的每一句话。

我们一点一点地成长，也是在一点一点地衰微。当暴风雨横扫过森林时，那些脆弱的树木必然摧折。若然我们平常没有习惯性地屈服于邪恶的引诱，让灵魂堕落，那么，一次突然的狂风怎能将你折倒？同理，我们也不能什么事情都"毕其功于一役"，而是要经过长时间不断的努力，有时直至我们生命

[①] C.H. 帕克赫斯特牧师（Charles Henry Parkhurst, 1842–1933），美国牧师、社会改革家。

的尽头。

一句年代久远的名言是这样说的：“习惯就像一根绳索。我们每天编织一条线，年久日长，它将变成一根强韧的索，我们根本无法割断。”

当一个人的习惯已经成型，我们只需静静坐下来，观看他的所作所为，便可知道这个人如何了。一个被坏习惯绳索牢牢拴住的人，是一个软弱无助的人。他原本以为自己是思想的主宰者，但每一次行动却被绳索的每根线条所拧曲着，无法动弹，只能倍感悔恨。

有人说，我们的习惯将一直延伸至我们生命的尽头，不曾停止。这一切都取决于我们在一开始所做的决定，就好比河水在不断向前翻滚的时候，越来越澎湃激扬、气势磅礴，直到最后汇入茫茫大海，完成了其永恒的人生。

在悬崖边上扔下一块石头，石头将受到万有引力定律的作用，在下降的过程中，动势不断累积。在第一秒内，下落了十六英尺；在第二秒内，为四十八英尺；第三秒内，为八十英尺；第五秒，则为一百四十四英尺。倘若石头做自由落体的时间为十秒钟的话，那么在最后一秒内，物体下落了三百零四英尺的距离。习惯是有一种累积性的。在生活中的每个行为之后，你都与行为之前的你不一样了，而是另外意义上的一个人。不论怎样，总之就不是之前的那个人了。因为，在你性格的厚重上，总有一些东西在每个行为之后，得到了增减。

人们往往对于一些人的犯罪事实感到惊讶与难以理解。

昨日在大街或是在商店里看到的人，根本没有说有要在今天犯罪的征兆。但是，今天他所犯下的罪行亦只不过是他昨天或是之前所作所为的一种必然与自然的延伸罢了。今日犯罪这种行为，是在过往数以千次枉顾正义与公理的行为上铸就的。因为，小善与小恶之间有着天渊之别。正是这种不断重复过往行为的神秘力量，造成了种种不同的结果。

经验告诉我们，在麻醉人的自控能力上，酒精比其他生理活动更为有效。这种自我放纵的危害虽然巨大，却仍敌不过这种行为对道德的损害。在自我麻醉的情况下，必然会出现自我控制紊乱的情况，这不止会造成道德上的过错或是罪行，更重要的是人格被践踏，最终沦为感官欲望的奴隶。泥醉之人将自己托付给愚钝之人甚至是交付到魔鬼的手中，让他们将自己引入愚昧的渊薮。

某位法国作家说："在人生的举止上，习惯比格言更为重要。因为习惯本身就是活脱脱的一个格言，让人们本能地去做。更换某条人生的格言，不值一谈，这不过是更改一下一本书的名字而已。养成新的行为习惯才是最为重要的，因为这才触及人生真正的实质。"

"在养成一个新习惯时，或是抛弃原先旧的习惯时，"詹姆斯教授说，"我们的心中必须要有一个强烈的毋庸置疑的信念。利用所有有利的环境，不断强化自己正确的思想观念，让自己置身于有利于养成新习惯的氛围，做出一些与以往习惯不符的承诺，可以的话，在别人面前许下这个承诺。简而言之，

要充分利用各种条件来实现自己的这个决心。这样，你在形成
新习惯的过程中，就会有逐渐强大的力量，让你去抵御旧习惯
带来的引诱。每一天都能抵挡住旧习惯的侵蚀，那么，这种逐
渐消除旧习惯残余影响的机会就会大增。第二个方法就是：当
新习惯在你的生活中深深扎根之前，绝不要允许破例。每一次
的破例，就好比将以往辛辛苦苦编织的线条统统毁掉，一次下
不为例将过往所有的努力全部化为乌有。"

莎士比亚[1] 说："今晚的自我节制，让下次的节制更为容
易，长此以往，就会成为一种习惯。因为实践可以改变一个人
的本性，既可以遏制心中邪念的生发，也可以将人抛离神性的
轨道。"

已故的约翰·沙尔曼[2] 在任国务卿的时候，他一个同学的
儿子写信给他求助。在信中，他同学的儿子说自己生活的极为
低贱，只能睡在天桥底下，生存本身都已成为一种累赘，他想
要结束自己的生命。时至今日，当年那位求助的年轻人已经
是纽约市一位成功的商人。他说，自己的转变得益于约翰·沙
尔曼在回信时给他的建议。

他允许公开这封信，这是一封他珍藏的信函。在信中，
沙尔曼是这样写的：

"你说自己的生活完全就是一个失败，你现在已经三十岁

---

[1] 威廉·莎士比亚（Shakespeare，1564-1616），英国文艺复兴时期
伟大的剧作家、诗人，欧洲文艺复兴时期人文主义文学的集大成者。

[2] 约翰·沙尔曼（John Sherman，1823-1900），美国政治家。

了，想着随时去见阎王爷；你说自己找不到工作，看不到生活中哪怕一丁点的曙光；你说你的朋友对你不问不睬。让我告诉你吧。你现在的生活状态，正是在一个人应该看到自己美好前程的节骨眼上。你现在刚刚进入而立之年，站在年轻与年老之间的分界点上。除非你身体有什么毛病，否则就诚实地去做任何工作，即便每天只能挣取一美元。每顿饭不要花费超过十美分，花在住宿方面不要超过二十美分，尽可能怀着紧迫的心情节省金钱，就好像你是在抢救自己母亲的生命。要注意仪表，人要衣装。不要太过花哨，但要整洁。像远离瘟疫一样，远离酒精。因为，酒精是一种诅咒，比世上所有的恐怖加起来更夺人性命。如果你还是一个稍有点头脑的人（当然，你给我来信，就证明你这一点），那么，在机遇到来之前，耐心的积累，切莫猴急；当机遇出现时，一定要勇于把握，牢牢抓住。这可能要花上几年时间，但你一定会等到的——你会从一个工人转变成为一名商人或是一名专业人员。这是很容易做到的，到时，你自己都会惊讶于此。但是，要有一个目标，努力地为之追求。一艘船是不可能同时驶进数十个港口的。做人要知足，若是贪得无厌，就会失去朋友的爱。没有了这些爱，生活也是无望的。学着去热爱书籍吧。有空去一下教堂，因为那里有助于舒缓我们生活的痛苦，但绝不要成为一个伪善之人。如果你不笃信上帝，那就相信你自己吧。只要有空，可以听听音乐。音乐让人心智健全，让人洋溢着高尚的情操。振作起来，欢乐起来！不要想着什么时候去见阎王爷！为什么要这样想呢？我活的岁数不止是你的一倍，我也不想死去啊！融入这个社会吧。即便你是茫茫劳动者中的一员，也要努力工作，细心咀嚼食物，安稳睡觉，净心阅读，有空谈论一些时事。一定要诚实地工作，要有耐心，为人勤奋、节俭，富于礼貌，认真学习，既要谦逊又要有大志，既要勇于追求又要知足常乐。做到这些，再过三十年后，你就会发现，原来这是多么美好的一个世界啊！自己又是多么年轻与快乐啊！"

习惯的法则渗透于我们生活中所做的每件事情，一位作家最近说："有序的工作，有序的休息，日常的工作，日常的休息，这才是一个完整的生活规律。

柯尼斯堡的康德[1]，长年累月地工作，没有匆急，而是有条不紊地工作，工作休息两不误。他常常工作至深夜，唯一的一个亮点，就是每天下午同一时间，他都会在园子里的菩提树下做长时间的散步。海涅曾说，康德的邻居只是用他来校时。难以想象，这位穿着棕色大衣的老教授正在一步步地摧毁原先的哲学体系，为自己的学说开辟新的天地。

约翰·埃里森[2] 就是受益于有规律的生活习惯的一个例子。在长达二十年的时间里，他都住在纽约的一间房子里，每天吃着几乎相同的早餐与晚餐，所有的时间都花费在书桌上。每天

---

[1]　伊曼努尔·康德（Kant，1724-1804），德国哲学家、天文学家、星云说的创立者之一、德国古典哲学的创始人。

[2]　约翰·埃里森（John Ericsson，1803-1899），瑞典裔美国发明家。

的食谱基本上都是粗面包、水果、茶、排骨还有牛排。每天早上，他都要步行一个小时，然后从早晨六点直到深夜，都在案桌上或是在设计室里埋头工作。

也许比康德或是埃里森这样如一台机器按部就班工作更甚的例子，就非法国著名的词典编纂者埃米尔·李烈特[①] 莫属了。单是在排版上就耗费了十三年！他编纂的词典也是世界上为数不多的真正意义上的词典。他是在四十五岁时才开始这项工作的，在接下来的三十年时间里，他夜以继日地工作着。他曾透露过自己日常的工作状态。但让世人为之惊叹的，是他可以在这么长的时间里保持乐观与豁达的性情。他是这样说的：

"我的生活其实也是很简单的。也不过是一天二十四个小时，白天与黑夜。只是我不想浪费任何一点时间。我每天在早上八点钟起床，对于一些勤勉的人来说，这已经是相当迟了。我稍定一下，整理一下寝室，收拾一下床被，这也是我一直以来的习惯。我下到楼下，顺便做一些力所能及的事情，例如，我会顺便想想如何写这本词典的序言。我从阿格纳斯大臣那里明晓了慵懒时间的重要性。在九点钟的时候，我开始修改样本的工作，直至中午餐。在下午一点钟时，我又重新投入工作，为《学者期刊》撰稿，从一八五五年以来，我就成为该期刊的专栏撰稿人。在下午三点至六点，我又投入到编纂词典的工作之中。当六点的钟声敲响时，我准时吃晚饭，晚饭时间大

---

① 埃米尔·李烈特(Emile Littre, 1801–1881)，法国词典编纂者，哲学家。

概是一个小时左右。之后，我便又投入到工作之中。有人会说，晚饭后马上投入工作是不宜于健康的，但我从来不这样觉得。这是从生活中榨取得来的时间。从晚上七点钟开始，我又开始编纂词典的工作。这个时候，我的妻子与女儿都会成为我的帮手，给予帮助。当她们睡觉之后，我还继续工作到凌晨三点钟，一般而言，到那时我一天的工作也就宣告结束了。如果还没有完成的话，我会工作得更晚一点。在漫长的夏夜里，我不止一次吹灭灯火，让初生的曙光为我照明。不过，在三点钟时，我一般会搁下手中的钢笔，为明天的工作整理好手稿——其实，新的一天已经到来了。这种习惯规律让我在整个过程中没有半点的兴奋之感。我很舒适地入睡了，甜甜地做着美梦，然后在次日的早上八点起来，精力充沛。但是在深夜工作绝非没有其魅力，夜莺在横跨花园的一排酸橙树上筑着巢穴，用自己轻快与悠扬的调子充填着静寂的深夜。"

罗伯特·沃特斯说："生理学家告诉我们，一个人的大脑要想得到完全的发育，需要二十八年。如果真是这样的话，为什么我们不可以通过自身的努力，让这个需要长时间发育才能完善的器官拥有特殊的能力呢？为什么我们不运用自身的意志，让大脑如脊梁一样得到完整的发展呢？"这种意志只不过是一种蒸汽般的能量，我们可以将这种能量运用于任何工作之上。它可以按照我们的想法去行动，不论是树立起我们的品格或是将其摧毁。同理，意志可以让我们成为一个真正意义上的人，也可以成为一个野蛮人、一个英雄或是懦夫。意志可以让我们果敢做事，直到成就一番伟业，或是让人在犹豫踟蹰中消耗精力，一事无成。它可以让你坚持自己的目标，直到养成一种勤奋与应用的习惯，让懒惰与无聊使自己感到痛苦。它也可能让我们变得懒散与焦躁，让每次努力都显得那么微不足道，让成功变得不可能。"

一位睿智的老师对学生说："你们在这一分钟的所想、所为或是存在的状态，都将一一显影在你们日后的性格之上。正如我们说的每一句话，若被留声机收录了，在日后都会得到重放一样。"

一个研究室内游戏与户外体育运动的作家坚称："人类所有能力的基础，很大程度上是在儿时游戏与玩耍时打下的。而他们的天性则决定了产生的结果是好是坏。因此，在孩子童年的这个阶段，我们应该小心翼翼地让他们接受这方面的锻炼，给予他们指导，让他们明白克制自我、与人合作才是成功团队的一个核心思想。他们就会明白，如果对别人不予考虑的话，自己也将收获甚浅。自我控制、诚实与其他道德上的行为都可以成为一种习惯，或是流于一种形式，这取决于孩子们对游戏的一种观察与体会。这样做的一个重要原因，就是游戏对于孩子们而言是真真切切的一种行为，这对他们而言是十分重要的。相比于成年人而言，玩耍对他们来说，至关重要。因此，我们不能让他们在游戏过程中养成不良的习惯。当孩子们长大后，他们在接受新观念的时候，也难以抛弃原先的思想习惯，所谓的新观念亦不过是在原观念的基础上不断累加。正是一开始形成的观念，左右着对日后事情的看法。"

游戏的教育原理同样适用于礼仪的教育——即一个良好的开始，显得极为重要。

有些人觉得，让自己一刻不动，身子就痒痒的。他们必须要让自己的双手、双脚或是身体的其他部位处于一种运动的状态。我认识一些男孩、女孩，他们喜欢用刀子或是叉子玩耍，用手指敲打着桌子。他们似乎没有一种静下来沉思的能力。咀嚼口香糖，叼着牙签或是其他的木制品，用舌头舔着下巴，抑或是总是在摇摆，所有这些行为都是无害的，但却是让人觉得不安的。

尽管这类型的习惯并不有损于品格或是道德的高度，但却是阻碍培养良好习惯的绊脚石。因为他们的这些行为习惯让日后挑剔的雇主不满，让举办招待的女主人尴尬，甚至让朋友们也倍感无奈。因此，他们有必要从小就远离这些不良的习惯。

相同的法则同样适用于各种各样不断重复的行为，不论是道德性的或是非道德性的。养成以下良好的习惯，诸如在早上某个时间段起床，迅速履行自己的承诺，待人接物彬彬有礼，做事井井有条，说话不紧不慢、表达清晰，为人真诚，勤劳一生。这在我们的人生中其促进作用将是难以估量的。诸如此类的习惯将在习惯于此类行为的大脑组织或是神经中来去自如，在大脑与心灵的组织上扎根。之后，要想改变这些习惯，需要长时间痛苦的努力。建立品格的过程，就是一个养成良好习惯的过程。相比起重复以往的习惯的行为，想要忽视或是替代曾经长时间不断重复的习惯，这是极为困难的。

乐观豁达的思想习惯能将最为寻常的生活升华为一种和谐之美。我们的意志可以决定几乎是无所不能的习惯。让一颗坚定的心专注于那些能够产生和谐思想的习惯，能让我们在哪怕最为卑微的环境下，仍可寻求快乐与幸福。若是我们的心灵得到适当的指引与锻炼，就可将所有不协调的思想赶走，让身心获得一种持久的和谐。

特修恩校长最近对自己的学生这样说："我希望让你们明白，当你们的身体仍具有一种良好的弹性，心灵仍处于可塑阶段的时候，我们要让所有学生都去研读那些历史上著名男女在青年时期的所作所为，然后按照最高的理想认真地规划自己的人生。倘若他们真的这样的话，我的一生也就没有遗憾了。"有四种习惯是特别富有价值的——准时、精确、持续与速度。没有养成准时的习惯，时间就被挥霍掉了；凡事不精确的话，容易错将于己有害的，视为于己有益的；如不能持续，则很难成事；没有速度，良机稍纵即逝，难以挽回。

许多人原本资质平平，却能有非凡的成就，因为他们的心灵被唤醒了，做到了最好的自己。但要做到这一点，我们必须从年轻时就要开始这样的努力。即便是一个粗野无礼、甚至是有点迟钝的人，只要尚有潜质的话，经过一段时间的教养，效果也是惊人的。但是，在最终养成这种习惯之前，他必须要长时间地接受一位富于能力的教育者的指导。

李登[①] 说："我们在一些重要场合的举止，其实就是我们平常养成的习惯。而我们的气质实质就是多年来不断自律的一种体现。"

可以说，人类所取得的所有成就，实际上就是习惯带来的。我们时常会谈到格拉斯通在一天时间内，可以做那么多伟大的事情。但是，当我们细细分析其能力时，就会发现这实质上就是一种习惯的结果。只有在习惯的引领下，他的巨大能量才能获得释放。在他的一生中，养成了许多良好的习惯。当然，他的那种勤奋习惯，在一开始让人觉得有点难以适应，甚至是有点单调，但在有意识与长时间的坚持之后，所获得能力足以让世人为之震惊。他的思维缜密、全面与持续，让他成为思想的巨人。他还养成了精确观察的习惯，任何事物都不能从他眼皮底下逃脱，他能看到常人所不注意的细节。正是诸如上述的良好习惯，让他的能力为世人所瞩目。精确的习惯让他避免了许多重复。所以终其一生，他节省了不少宝贵的时间。

我们在人生起步阶段所养成的习惯，将陪伴我们终生。若某人在二十五岁或是三十岁之后，人生轨迹没有多大变化，只是在一开始所走的道路上不断前进。我们不禁会这样想，在年轻时，培养一个良好的习惯或是不良的习惯其实都是一样容易的。

———————

① 李登（Lidden），查未详。

　　倘若我们不抬头向上，就只能俯首了；若我们不能向前，就只能退后了。生命中要有一种不断向前向上的趋势，不然，我们就倒退回原始野蛮的状态了。

　　布鲁厄姆说："在上帝名义之下，我将一切交付于习惯。自古至今，无论是立法者或是校长，他们都重视养成信任的习惯——这让世上的一切事情都显得那么简单，让一切偏离习惯的事情都显得困难重重。"

金钱，物质与知足

JINQIAN,WUZHIYUZHIZU

第六章

缺乏金钱、物质与知足之心的人，实际上是远离了三位好的朋友。

——莎士比亚

财富带来的巨大满足在于意识到一种权利感。除了这点，财富为我们通往更高级的快乐开辟了一片天地，满足人们在教育与艺术上的欲望。财富带给人们的至高乐趣，在于服务社会与奉献人类。

——希伯·牛顿牧师

若是没有自立，人何以为人？当匮乏牢牢拴住我们的脚后跟，或是我们被环境所桎梏着，时刻活在别人的阴影之下，我们如何能发挥最好的自己呢？对于年轻的男女而言，还有什么比活在匮乏生活中不能自拔更让人觉得羞辱的呢？

任何年轻人如果有能力走出贫穷的怪圈的话，那么他就没有权利一味地逗留在那里。自尊强烈要求我们走出贫穷的生活。我们有责任让自己活在一种富于自尊与独立的生活之中，让自己在生病或是处于其他紧急状况时，不会成为朋友们的累赘。

有人会说，追求财富不仅是合情合理的，更是一种责任。如果一个人有自己正确的生活原则，以合法的手段获取财富，这将扩大他的影响力，增强自身的实力。若是我们能在努力追求财富的过程中，不让自己陷入狭隘与不义的漩涡之中，这将有助于提升我们的才干，让我们拥有更加旺盛的精力，富于睿智的头脑与敏锐的观察力，让判断力更为准确，锤炼道德与心智。"大脑在不断分账过程中所得到的锻炼类似于微积分所产生的效应。在算账的时候，有点类似于数星星所获得的锻炼。"一个做事井井有条的商人，做事总是细致入微的。若我们想成为一名出色的商人，就必须从早到晚进行一种心智上的磨炼。

商人必须要有一个全盘的规划，将事情安排的有条不紊，处事迅捷、办事精确，无论是上级或是下属，都能做到彬彬有礼。他总能维持一个良好的风度，展现出优雅的举止。倘若他是一位胸襟宽广的商人，富于魅力与才华，不想让自己的工作限制视野，就要不断提升自己的气质，让视野变得更为宽阔，怜悯之心更加强烈，慈善之心更为博爱。

"倘若我们仔细观察一下那些在'贫穷阶层'生活的人们的创伤，"一位睿智的思想家说，"我们就可以肯定一点，在这些生活不幸的人中，几乎没有人是出生于富裕之家。相反，很多人之所以一事无成，就因为他们没有为努力生活做足准备，这些都是贫穷所加诸于他们身上的劣势。"

我们到处可以见到极端贫穷的迹象。我们时常可以看到一张尚且稚嫩的脸庞，愁云满面。每天，在每个城市里，贫穷邪恶的眼睛紧紧地盯着我们。到处可见一些枯萎与残余碎片的影子。我们看到一些根本没有童年生活的孩子，到处游荡。我们看到一些年轻人，在社会上倍感压抑，原本充满朝气的脸庞，没有了笑意。我们可以看到贫穷所带来的罪恶影响。贫穷意味着最高理想的无望，意味着宏伟计划的泡汤，让最为果敢的心灵遭受一连串的磨炼。穷人无时无刻不在任由环境摆布。

他们难有独立的本钱，无法掌控自己的时间，也没有条件居住在一个健康的环境与舒适的房子里。贫穷是一种邪恶的诅咒，不存在一丁点有价值的东西。而赞赏贫穷所带来的美德之人，无一不是那些落魄潦倒之人。贫穷让我们生活困顿，不得不为了生存而努力工作，原本价值一美元的工作，只能以十美分的价格低价贱卖。贫穷根本让人不可能保持自身的尊严与自尊，谈何让自己变得富于美德，有心思去追求所谓的真理，让自己变得更有男人气概呢？我们要明白，贫穷只能让我们的视野更为狭隘，更加显得微不足道与能力匮乏，难以看到一丝希望，前景亦是渺茫，对情感也是一种巨大的扼杀，真可谓"贫贱夫妻百事哀"啊！原本生活应该幸福的人们，只是因为生活的匮乏，有时不得不要勒紧裤带，维持一种最基本的生存。每个年轻的男女都有想法要设法摆脱贫穷的桎梏，获得自由，让自己的心灵获得无上的自由，不为生存发愁。

我认同贺拉斯·格尔利[①] 的话。他说，在这个国家里的每个健康的年轻人，都应该为贫穷感到一种强烈的羞辱感。我愿意让所有年轻的男女们深切地了解贫穷所带给人们深深的恐惧与绝望。我希望他们能深切地感受到贫穷带给人们的耻辱感、痛苦以及束缚。这样，他们才会不顾一切地摆脱贫穷的阴影。

父母们通常没有灌输给孩子这样的观念，即金钱对实现理想具有巨大的重要性。这是一个高尚的理想，理应得到指引

————————
① 贺拉斯·格尔利（Horace Greeley，1811-1872），美国报纸编辑、改革家。

与鼓励，而不是一味的压制。许多年轻人的生活之所以免于无望的空虚，而生活得丰富多彩，正是由于他们不断地发掘与锻炼自身赚钱的本能。如果一个年轻人能坦然面对自己赚钱的欲望，他必然能够抵御懒惰与不知何去何从的习惯的诱惑，让自己养成节俭的习惯，受益终身。

正如爱默生所说的："正是在我们眼中看来是卑微低贱的沿街叫卖的行为，推动着这个世界不断前进，让文明不断上一个台阶。"有时候，我们很难去指责富人们的自私——他们对财富的攫取，让穷人们生活于水深火热之中，分不到财富的一杯羹。因为，无论富人们将金钱投入于建造房屋或是购买豪华的座驾上，无论他们是花费在丰盛的宴会还是用在精美的衣裳、珍稀的珠宝或是首饰上，或是建造价值不菲的教堂以及购买奢华的游艇，或是用在夏日行宫上等等——无论他们怎么使用或是花费金钱——别人都会见到或是享受其中，凭借双眼获取其中的一部分价值。每个个体都努力为实现自己的理想而努力，但大自然的法则将这一切变成为人类的一种福音，推动着人类不断进步。每个人都努力着要去超越邻居，做到最好的自己，这是一个最好的结果。缺乏对金钱所带来的权力、影响力或是优势的渴望，自然界怎能将人的潜能推向极致呢？没有这种欲望，哪来诸如勤奋、坚忍、技巧、谋略或是节俭等品质呢？

对于一双赤脚而言，金钱意味着鞋子；对于在寒风中瑟瑟颤抖的四肢而言，金钱意味着温暖的法兰绒与厚厚的棉衣；对于寒冷、饥饿的人而言，金钱意味着生火的煤炭、一顿丰盛的晚餐。金钱意味着舒适、教育、教养，意味着书籍、图画、音乐、旅行等等；金钱还意味着一幢美丽的房子与营养的食物，意味着独立，意味着拥有一个行善的机会；金钱还意味着将能享受到最好的医学治疗。不知有多少穷人正是因为没有钱去看优秀的医生或是进行手术而丧命。当我们劳累的时候，金钱意味着休闲；对于病人而言，金钱意味着可以换一个新的生活环境；拥有金钱还意味着，我们每天不需要不顾风吹雨打，风餐露宿去工作；金钱也意味着可以甩开一直被贫穷缠着的沉重负担。

要成为富人或是有这样欲望的人，是一件值得鼓励的事情，而不应有什么负罪的感觉。但是如果我们在这方面犯下严重的错误，就是太汲汲于对金钱的渴求了。

约翰·韦斯利[1] 说："在不违背自己灵魂、损害身体或是邻人利益的情形下，尽情地追求自己想要的。努力地节省，削去所有毫无必要的开支，尽力的施与吧。"

马修[2] 也说："有些人的确是拥有赚钱的特殊天赋，他们有着一种天生的累积财富的本能。他们有才华与能力通过交易或是精明的投资，将美元换成西班牙的金币。他们这种神奇的本能，是如此的强烈，难以控制，有点像莎士比亚在创作

---

[1] 约翰·韦斯利（John Wesley, 1703-1791），圣公会牧师、神学家。

[2] 马修（Mathews），查未详。

《哈姆雷特》与《奥赛罗》、拉斐尔在创作画作、贝多芬在谱写他的命运交响曲、莫斯在研制电话时的那种难以压抑的激情。若是这些拥有如此天赋的人放弃了对此财富的追求，正如让阿斯特①、皮博迪②等人压制自身的天性，将才华弃之不用，只能成为历史上的矮子而不是巨人。其实，这也是对自身责任的一种抛弃，让自身的才华蒙羞。

金钱从某个层面上可以表明财富所有者的一种品格，彰显出一种品位、野心，将一个人内心潜藏的欲望表露无遗。亚瑟·赫尔普斯③曾说："在节约、花销、施与、获取、借贷甚至是赠与金钱上正确与明智的选择，可以显露一个人的伟大之处。

我经常会这样想，如果我真的有钱了，我会给我在街上所遇到的前一百人每人一千美金，看看他们是如何使用的。我希望了解他们使用这一千美金的来龙去脉。对于挣扎着要接受教育的穷学生而言，这笔钱意味着书籍与上大学的费用；对于追求时髦的年轻人而言，这可能意味着好看的衣服、豪华的座驾、狂欢的生活；对于一个穷苦的女孩而言，这可能用于养活自己生病的母亲、为自己的妹妹买衣服、为她们交学费；对于一些人而言，这笔钱意味着他们可以娶到一个老婆或是买一幢

---

① 阿斯特（John Jacob Astor, 1763-1848），阿斯特家族第一位显赫人物，商业巨子。

② 皮博迪（Peabody, 1795-1869），美国企业家、慈善家。

③ 亚瑟·赫尔普斯（Arthur Helps, 1813-1875），英国作家。

房子；而对于守财奴来说，这不过是在发霉的金库中又增添了一千元而已。

一位潜心研究社会各阶层经济状况的学者说："有些人说的话真是狗屎。听他们说话，给人的感觉就是，人们如果有一个银行账户、一座美丽宽敞的房子、一件合身的衣服、一双闪闪发亮的鞋子，这些就是魔鬼撒旦的印记。而一个人要想彰显天使的一面，就只能是那些口袋空空、穿着寒碜衣服、衣食不饱、赤着双脚、上顿不接下顿的穷人的生活。事实上，太多的金钱或是赤贫都是邪恶的滋生者。但是，人们都没有认真地观察或是经过一番思考，他们看不到，一个拥有财富的人，至少可以让自己远离债务与饥饿，可以避免沮丧的魔鬼缠绕着他们，而那些贫苦的人在逃脱这个深渊的时候，身心是难以做到不受损害的。"

比砌说："我以为，相比于穷人而言，富人并没有受到更多的诱惑，这是我们的人性决定的。我知道，有钱让人感到自豪，难道穷人就真的是一文不值或是没有值得自豪的地方吗？我也知道，有钱容易让人自私与虚荣，难道穷人就能幸免于此吗？我知道，富人们可能向周围那些人炫耀，总是在不断的彰显自己的富有。难道穷人们就没有这样的欲念，没有这样的不满，没有这样因嫉妒而产生的争执吗？我要告诉你们，这并不关乎富人或是穷人的问题——而是潜藏于种种外在表现下的人性，这才是危险的，才是问题的真正所在。"

曾经最为睿智的祷词是这样的："不要赐予我贫穷或是富

有。我只想要中等水平就行了。"巨富或是赤贫都是一个巨大的负担，很容易让人不自觉地陷入一个低层次的境地，而这时中等财富的人是可以避免的。当一个人累积的财富逐渐膨胀时，就容易变得难以驾驭，成为一匹脱缰的野马。

"你觉得你新买的马儿怎样啊？"某人问另一人。"我卖了。"另一人回答说。"卖了！不会吧。上次我见你的时候，你们两个相处得挺不错的啊！""是的，但那时我刚刚买它。几乎每次我外出的时候，它都会磨着牙齿，然后跑开。它三次将我摔在地上，折断了我一根指头，使我的一只手臂脱臼，全身都是淤青。有时我不禁会想，到底是我在驾驭着马，还是马驾驭着我呢？无疑，是它控制着我。我宁愿没有这匹马呢。"

对于许多人来说，财富就好比"磨着牙的马儿"，随时抛离它们的主人，摧毁主人原先平和的心境，破坏他们为人的原则，让他们全身上下都是淤青。这样的财富，真的不如不要。但是，也有一些方法来驾驭这匹疯狂的马儿，让主人成为一位威风凛凛的骑手，掌控着整个局势。所以，我们要有坚定的信念、一般的常识、谨慎的深思，让"财富"这匹马牢牢受我们控制。我们要成为其主人，而不是奴才。而那些自私、守财成性、贪婪与不诚实的富人，实质上已牢牢被财富所控制。任何人都不应该被他手中的财富所控制。有不少人因为金钱疏远了与家人的亲密关系，失去了正常的睡眠、健康的消遣或是享受生活娱乐的能力。

其实，很多人所拥有的东西原本应让他们享受快乐幸福，但他们却享受不到这些。没有比看到一个贪婪无比的守财奴，一味地囤积着财富，不愿花一毛钱用于自身的舒适或是提升灵魂的深度这样的情形，更让人觉得悲哀与可耻的了。

一位吝啬的财主说："大约在三年前，不知怎地，我掉进了一个井。当时情势危急，我大声呼喊，一位狼心狗肺的工人听到我的呼喊，答应救我上来，但要支付一先令。我拒绝了。第二个人更加贪婪，要我给他二十五美分，我与他为此讨价还价了十五分钟。当时，我有点绝望了，这个家伙看来是不会削去半个零头的了。但是当时我快不行了。要是没人看到我那奄奄一息的样子，我宁愿淹死，也不想被他这样敲诈勒索。"

自私的人怎算是真正的富有之人呢？金钱就好比高山下流下来的清泉，这股清泉让山下的田野一片生机盎然。当泉水沿着山崖飞奔下来的时候，让原先的旷野变得一派青绿，让小草洋溢在它的柔波之中。美丽的花朵沿着岸边渐次开放，在阳光的沐浴下自在的绽放。但若是这股清泉被阻隔了，山谷就会干涸，华彩就会枯萎、死去。金钱也是如此：当金钱自由地流通与运转时，成为人类之福；若是这种流通因为囤积、挥霍或是奢侈而中断了，就成为一种邪恶的诅咒了。这让心灵坚硬起来，怜悯之心干枯，成为一片广阔无垠的沙漠。

看到一位风烛残年的老人在街上乞食，是一件让人感到悲伤的事情。但更让人感到悲哀的，是一位即将逝去的百万富翁，在通往坟墓的路途中，仍选择让钱袋鼓起来，让心灵枯萎致死，一辈子对钱财的贪婪将人生所有清澈的泉流都堵塞了，窒息着对真善美的追求。还有什么比空有一个鼓胀的荷包，但头上却只是安装着一颗空空如也的灵魂更让人感到悲哀的呢？这些人其实并非真正意义上的人，只不过是"一个集合了贪念、欲望、狂热为一体的动物，行尸走肉着"。

托马斯·布朗尼[①] 爵士说："慷慨施与吧，不要变得贪婪。要让每一分钱都花的物有所值。若我们的财富不断增长，我们的心智也要相应与之同步增长。我们不仅要待人宽容，更要慷慨为人。在你还是金钱主人的时候，尽快施与别人，可能你金钱的数量上会有些减少，但是在你的生活或是财富行将进入一个不分贫富、人人平等的'另一个世界'之前，你还等什么呢？"

一位纽约人在与朋友讨论关于财富的议题时，这样说："我多么想成为约翰·雅各布·阿斯特啊！你愿意将你所有大约一千至一千五百万美元的财富，只是纯粹用于购买船只或是衣服吗？""不！你当我是傻子啊！"朋友有些不满地回答说。"嗯。"朋友接着说，"但是，阿斯特他自己就是这样做的，他深谙此道。他有很多房子、轮船、农场，这些都需要他去管理，只是为了别人的方便。"发问者回答说："那这样的话，单是租赁这些物品，每年就可以获得五十到六十万美元的收入啊！""是的，但阿斯特将这些收入用于建造更多的房子、仓库与船只，向更多的人贷款，解决别人的燃眉之急。他明白

---

① 托马斯·布朗尼（Thomas Browne，1605-1682），英国作家。

如此方能成为金钱的主人。这些都是常人所难以做到的。"

一位深有见解的作家这样说过："纯粹为追求财富而去追求财富，这并不值得我们为之奋斗一生。那些以牺牲尊严、为人气概或是生命中最为珍贵的东西为代价，而只是为了节省金钱，这是最为短浅的做法。金钱的价值在于使用。年轻人千万不要一心扑在赚钱上，而罔顾那些让生命更富价值的东西。"

能领略世上最美好的东西，最大的施与别人，这样的人生才是最为富足的。真正的富人，是让别人感到富有的人。其实，富足意味着要有一副健康的体魄，一种对自然美丽的敏锐的鉴赏力，一种领略艺术、科学与文学上的杰作的能力，与那些优秀的人为伍，拥有一个无悔的过去，有一颗自由与满足的心灵。

抓住时机
ZHUAZHUSHIJI

第七章

　　最有希望获得成功者，并不是才华出众的人，而是那些
最善于利用时机去努力开创的人。

——苏格拉底

罗斯金说过："对于青年人来说，青年时期实质上就是一个性格形成并接受塑造与教育的阶段。每个时刻都关系着青年人未来的前景——当这些时刻失去之后，如果该做的事情没有做，那逝去的时光就永远都追不回来了。倘若不趁热打铁的话，就难有成功之日。"

很重要的一点是，人们要懂得创造机会。林肯如此，亨利·威尔逊[①] 如此，乔治·史蒂文森[②] 如此，拿破仑也是如此。所有事业有成的人几乎都是沿着自己前进的道路在不断前进。别人的机会也许并不适合自己，因为我并不感兴趣。我首先要让自己的想法与目标、能量结合在一起，达到自由控制的程度。因为，所有成功的背后都是个人能力的体现。

只有当一个人真正找到了其人生的呼唤之后，才能真正

---

① 亨利·威尔逊（Henry Wilson, 1812–1875），美国第十八任副总统。

② 乔治·史蒂文森（George Stevenson, 1781–1848），英国工程师。建造了世界第一条铁路。

地去充分利用眼前的机会，让自己的视野更开阔，双手更加勤快。举个例子吧。乔治·普尔曼① 刚开始工作时只是作为一位柜台职员，年薪只有区区的 40 美元。而这点微薄的工资与免费的住宿就是他三年工作的所有回报。之后他辞掉了这份工作，去做起了搬运工的工作。后来，他在一幢建筑里负责搬运货物。他认真而勤勉地工作，最后被纽约州聘用去负责搬运伊利运河沿岸的几个大型的货仓。当完成了这些工作之后，他回到了芝加哥，继续从事相似的工作。当时，整座城市因为要建设地下污水管道，所以要向下挖八英尺。当他正在芝加哥工作的时候，他就暗暗下定决心要改进当时刚刚进入芝加哥与埃尔顿铁路的简陋的卧车。他已经能够看到未来在车上装有卧室与客厅的车子将会多么的受欢迎。他在刚开始的时候制造了一辆很豪华的汽车，费用是之前汽车的四倍。之后，他将主要的精力投入到被称之为"普尔曼汽车"的研发上。在他晚年的时候，他还是像早年一样，努力抓住每个机会，最终他获得足够的资金，成立了汽车制造工厂。他时刻跟着时代的脚步，在商界的经营中，始终谨守自己的商业准则。

记账那份工作对于普尔曼而言并不算是一个机会，一般的木匠工作也不适合他。但是，对于马歇尔·菲尔德而言，这就是一个天大的机会。他能够在其他人失败的地方取得成功。有时，我们觉得很难在一个成功者与失败者之间看出什么差别

---

① 乔治·普尔曼（George Pullman，1831–1897），美国发明家、工业家。

来。因为，他们往往在一开始的时候，都拥有相同数目的资金，个人的优势也大抵相同，在一般人看来，的确看不出个所以然。但是，其中一个人更加努力，待客更为有礼，更为友善，更为注重细节，行动更为快捷，每天更早地到达商店开张营业，每天晚上则更迟一点关门，每天在闲暇时间看看与自己从事的商业活动相关的报纸或是杂志。更为重要的是，他有一个更为明晰的商业计划。这些在表面上看来都是微不足道的，但却决定着事业的成功与失败。

下面是一个有关乔西·杰罗姆① 的例子。他所受的教育仅仅是在十岁之前在当地的学校上了三个月。之后，他的父亲就带他到康涅狄格州的普利茅斯这个地方的一间铁匠商店工作，负责做钉子。对于年轻的杰罗姆来说，金钱是一件稀有物品。他曾为别人砍了一捆柴，才获得一美分。他还时常在月光下为邻居砍柴，每捆也才十分钱。当他十一岁的时候，父亲去世了。他的母亲不得不把杰罗姆送到外面工作。他的眼泪扑扑地掉下来，手上拿着一小包衣服，就这样到一个农场去工作糊口。他的新雇主每天都让他早早地起来工作，晚上还要去砍树。他的脚时常沾满了雪，因为他没有钱去买鞋子。实际上，他是到了二十一岁才有了人生第一双鞋子。而他所得的工资也只是一天三餐与身上的衣服而已。在他的学徒期间，他时常不得不要步行三十里，背着工具箱去别的地方工作。当他熟

---

① 乔西·杰罗姆（Chauncey Jerome，1793-1868），美国著名钟表制造商。

悉了这门手艺之后，他就时常这样做了。一天，他听到人们谈起普利茅斯的艾利·特里，此人获得了两百个闹钟的订单。其中一人说："在他有生之年，他都不可能完成这么多数量的闹钟。"另一个说："即使他能做这么多，也无法全部卖出去，这真是太荒谬了。"杰罗姆花了很长时间去思索这则看似谣言的谈话。因为他的梦想就是成为一个杰出的钟表制作者。当他获得机会第一次尝试的时候，就学会了如何制造木制钟表。当他获得十二座闹钟的订单，每座闹钟价值十二美元时，他感觉自己的好运终于到来了。某个晚上，他突发奇想，要是钟表能用木制，为什么不可以用黄铜来制作呢？而铜制的钟表在任何气候环境下都不会明显的膨胀或是变形。他马上将这个想法付诸行动，成为了第一个铜制钟表的生产商。他每天能够制造六百个铜制钟表，商品出口到世界各地，而他也从中大赚一笔。

首先，我们必须要找到适合自己的位置，越早越好。哈佛大学萨金特教授在还是学生的时候，就已经知道自己的优势所在。他参加了鲍登学院的体育队，之后，他不断地发挥自身的特长，成为美国最为著名的运动教练。他最近在接受采访时说："抓住机会是最重要的。即使刚开始的时候，报酬很微薄。"年轻人真正学习的，不是他具体所做的服务，而是他对机会的把握。他刚开始工作的时候，薪水只有八十三美分一天。

克里斯·亨廷顿①，著名的铁路大王，是康涅狄格州一个

---

① 克里斯·亨廷顿（Collis Hungtington，1821-1900），英国铁路巨头。

农民的儿子。他放弃在农场工作的机会，沿着艾利运河兜售闹钟。他在加利福尼亚州开了一间五金商店，之后又与利兰·斯坦福一道投身于铁路建筑行业。他总是能从一件事中看到另一个机遇。他充分利用手中的每个机会。当他看到别人表现得更好，他就会不断地鞭策自己。这样优秀的品质同样出现在约翰·雅各布·阿斯特、皮特·库珀[1]、科尼利厄斯·范德比尔特[2]、菲利普·阿莫尔[3]、安德鲁·卡耐基[4]以及约翰·洛克菲勒[5]身上。

　　单从商业的角度而言，人与人之间的不同之处，就在于他们的感知能力与执行能力——即一种观察与实践的能力。世界并不缺乏机会，真正缺少的是发现与利用机会取得成功的能力。就以铁匠为例吧。当伊卡博德·沃什博恩在马萨诸塞州的沃斯特当铁匠学徒的时候，还是一个极为害羞的男孩。当他发现，在美国竟没人能够制造优良的电线，在英格兰只有一间工厂垄断了制造电线的生产时，他暗地里下定决心，一定要制造出世界上最优良的电线。然后，他想方设法地以大规模生产的

---

① 皮特·库珀（Peter cooper，1791-1883），美国工业家、发明家与慈善家。

② 科尼利厄斯·范德比尔特（Cornelius Vanderbilt，1794-1877），美国实业家。

③ 菲利普·阿莫尔（Philip Armour，1832-1901），美国著名商人。

④ 安德鲁·卡耐基（Andrew Carnegie，1835-1919），苏格兰裔美国工业家、慈善家。

⑤ 约翰·洛克菲勒（John Rockefeller，1831-1937），美国石油巨头。

方式去制造电线。这位之前曾极为腼腆的年轻人，眼界已经变得十分宽广了。他看到这是一个机遇，就想着如何去实行。他真的就是这样做到现在，他所制造的电线成为业内的一个标准。他有着无与伦比的经商能力，在最巅峰的时候，每天能制造十二吨电线，雇佣了七百多人。他所获得的财富，大部分都捐给了慈善机构，让这个世界变得更加美好。

俄亥俄州的威廉·斯特朗上校就是一位相当富有远见的人。当他的年薪在三千美元的时候，一位木材商人邀请他到其商店工作，年薪只有一千二百美元。但斯特朗是富于远见的，他看到了这份工作比年薪三千美元的工作更有前景。他毅然接受了这份削减了一千八百美元年薪的工作。最后，他拥有了这间木材商店。

年轻人在刚开始步入社会时没有找到属于自己人生的机会，从而不断地更换工作，这种情况是很常见的。英国著名的律师厄斯金[①]早年曾在海军任职。之后为了可以得到更快晋升的机会，他又加入了陆军。在陆军服役两年，他从来没想过自己的未来该怎么走。但是，一次偶然的机会，他所在的部队驻扎在一个城镇，他去旁听了一次法院的审案过程。法官是他的朋友，邀请他坐在他的附近。他对厄斯金说，那天早上坐在辩护席上的那位律师，就是当今英国最牛的律师。厄斯金就坐在那里静静地听着他们的辩论，心理没有多大的波澜。他觉得自

---

① 厄斯金（Erskine），查未详。

己能够超过他们中的任何一位。那时，他即刻决定了要学习法律，超过他们。现在，他成为这个国家最著名的律师了。

更多的人只能看到机会，真正既看到机会又动手的人是很少的。这种敢于把握机遇的人是不常见的。年轻人不能缺乏野心，他们很容易陷入别人走过的老路。他们经常会这样说："这对我来说是个好机会。"但是，他们却没有足够的勇气，并对自己能否把握机会表示怀疑。直到机遇已过，他们才幡然醒悟。但机会已经流失掉了。

三十年前，甲君还是纽约的一位花圃管理员。一次，他离开家一两天。在他离家期间，有一天下着毛毛细雨，虽然不是销售的旺季，但一位顾客此时还是从远处赶来。他拴好自己的马匹，走到农场的厨房里，看到两个年轻的小伙子正在剥坚果。

"甲君在家吗？"

"不在啊，先生。"大儿子乔说道，手仍然敲打着果子。

"那他什么时候回来呢？"

"不知道啊！可能要过一个星期吧。"

此时，另一个名叫吉姆的男孩站了起来，跟着这个人出来。吉姆说："你要找的甲君不在，但我可以带你参观一下啊！"他双眼炯炯有神，举止彬彬有礼。本来这位来访的陌生人是有点生气的，听他这样一说，气也就消了一大半。吉姆带他参观了园林，考察了树木，并留下了订单。

"吉姆，你拿到了我们这个季节最大的一笔订单。"他的父亲回来的时候，高兴地对吉姆说。

乔说："如果我早想到这点的话。我也会像吉姆那样热情的。"

几年后，他们的父亲去世了，给每个人留下了两三百美元的遗产。乔在家附近买了一两亩田地，他努力地工作着，但仍过着清贫的生活，对生活感到很不满。

吉姆则从一位移民者手中买了一张到科罗拉多的车票。他在那里当了数年的牧羊人。他用所赚取的金钱买了一公顷的土地，每亩的价格仅为四十美分。在那里，他建起了房子，结婚生子。他所饲养的羊群的数目数以千计。他将自己所拥有的土地卖给城镇上的人，成为该州最富有的人。

"如果我早想到的话，我一定会像吉姆那样做。我们可都是一个娘生的啊！"吉姆的哥哥这样说。

他的妻子则说："我所做的所有的面包中，所用的材料都是一样的。但是没有人敢去吃，因为没有放足够的酵母。"

妻子的反驳虽然有点赤裸裸，但说的却是大实话。这种对稍纵即逝机会的把握能力，有时是天生的。但这可以通过父母的培养或是儿时的教育来实现，只要我们能拓展视野，在任何情形下都是能把握机会的。

历史上，有很多人把握住了机会，做到了那些缺乏勇气的人认为难以想象的事情。果断的行为与全身心的投入让世界屈服于自己的脚下。

当威廉·菲普斯还是一位年轻的来自缅因州的牧羊童时，

他就已经学习了木船制造贸易方面的知识。一天，他游荡在波士顿大街上，无意中听到几位水手在谈论一艘在巴哈马岛沉没的西班牙船只，据说船上有许多财宝。菲普斯当下就决定要找到这艘船。他立即行动起来，在多次无疾而终的尝试之后，他终于取得了成功，找到了失落的宝藏。

水手们仅为谈资的话题，他真的去做了。他有着一种强大的执行能力。他果敢迅速的行动让他后来成为了马萨诸塞州的殖民总督。

历史上类似的事情是很多的。来自危地马拉城的约翰·奈特在一八六零年的时还是阿拉巴马州的一名奴隶。在获得自由之后，他成为一名码头工人，负责搬运来自中北美洲的水果。这样的经历让他产生了这样的想法：即自己也要成为一名水果种植者。他马上执行了这个主意。而那些与他一起从事搬运工作的人，也许永远不会认为这样的事情对一位搬运工而言是现实的。他从危地马拉政府那里获得了五万亩土地的使用权，然后让新奥尔良的水果承包商购买价格为两百万美元的来自危地马拉的水果。打那之后，他就成为了咖啡生产商与红木的采购商。时至今日，他已经是中美洲最为富有与富于权势的人。他强大的执行力将他所想的一一化为现实。

真正成功的人都是那些能将眼前机遇牢牢把握住的人。

詹姆斯·莱德是克利夫兰的一位摄影师。某天，他在看报纸的时候，得知在德国出现了一种波西米亚艺术家所创造的新的摄影技术——这种技术能够用精密的仪器将一些影子去掉，让照片变得更为完美。读到这里的时候，他立即邀请一位来自波西米亚的艺术家，最后终于将这种发源于该地区的技术为自己所用。他及时地抓住时机，成为自己事业上最好的帮手。之后，他又满怀热情，不断宣传拓展自己的业务。在波士顿举行的一场摄影展中，莱德为美国赢得了声誉。

本尼迪教授是一位拉丁文教师。当他听到打字机不断敲打的声音时，他狂喜地说："我找到了。"他马上着手这项新的发明创造，放弃了自己熟悉的拉丁文。后来，他开始生产雷明顿牌子的打字机，并获得了丰厚的报酬。

最近，一位制造界的权威告诉我们，欧洲的许多生产工厂都没能及时抓住机会，若是在美国的话，一个人发明了某种优良的产品，那么他就会想方设法地将这种产品销往全世界。

普尔普斯说："要时刻留心机会。要有技巧，要勇于把握机会。坚持与富于耐心，直到让机会结出最大的成果。这些都是成功所要求的一些美德。"

当你看到属于自己的机会时，大脑要认真地琢磨，为之计划，努力地去实现它，并为之奋斗——将自己的心智、力量、灵魂都投进去，成功也就离你不远了。今日所有的成功人士都是那些具有一颗矢志不渝的决心、目标明确、一心一意的人。

查普曼① 说过："真正杰出的人，并不是那些一心坐等机

---

① 查普曼（E.H.Chapin，1814-1880），美国牧师。

会降临的人，而是勇于去追求、去把握的人。他们将机会揽入怀中，让其成为自己的仆人。"

在人生早期的职业中有一个明智的选择，在年轻气盛、充满希望的时候，在心智高昂、热情澎湃的时候，选择正确的事业道路，这将大大缩短我们与成功的距离。

> 我听到你听不见的声音，
>
> 告诉我不能停留；
>
> 我看到一只你看不到的手，
>
> 召唤着我远去。

一般而言，在人生的早年阶段，当人的感知能力尚处于一种发展的状态时，人的精力大都消耗在了玩耍与毫无意义的工作上了。此时，人们往往会有这样的一种想法：成功还是某件遥不可及的东西，有待于我们的发掘，也许是在某一个别的地方，或是与别的人联系在一起。他们并不认为单凭自己就能取得成功。

对于年轻人而言，未来的远方似乎具有极为强烈的魅力。他们总是在找寻着良好的机遇以及一些非比寻常的良好开端。有时真的很难去说服他们，让他们明白，在这个国家里，那些真正取得成功的人都能在自己的日常工作中找到真正的机会，而不是跑到别的城市或是国家，想着那样就可以获得更好的机会。

时至今日，很多年轻人还是认为属于自己的机会不多，虽然这是一个机会遍地的国度。他们觉得，要是自己能够去到诸如芝加哥、旧金山、纽约或是其他的一些大城市的话，就肯定能够取得成功，但他们却看不到农场或是小村镇里存在的机会。

若是年轻人真能认真地完成在商店或是农场的每个任务，将这些工作视为一个锻炼与培养自己获取成功的一个机会：培养忍耐与掌控全局的能力，拓展观察的视野，让自己的礼节更有风度，认识到礼貌与谦逊的价值。假如他们真能一一做到这些，并将这些能力的培养视为一种走向更高层次的踏脚石，那么，这就是他们攀登成功之峰所必需的。他们每在这些方面的能力更进一步，就可在成功的道路上走得更远。

男孩子们总是想着要是自己是一个天才，随心所欲地去做自己所想的，那该多好啊！但同时他们又会感到深深的失落，因为自己并不是天才。他们没有意识到，其实很多人之所以能成为主管、经理或是大商店的老板，其实从一开始，他们也是从打扫商店卫生一步步走来的。

记住，年轻的小伙子，让你不断获得提升的阶梯就在你的脚下，而不在别处。无论你现在做什么工作，都要把当前的工作做到最好。如果你忠于你的工作，工作起来认真仔细、小心谨慎，并系统研究下一步应何去何从，那么，你就可以很快一步一步地提升自己。

很多年轻人都在夸大渲染大城市所带来的好处。他们之所以会这样认为，是因为他们觉得，要是在农场或是一个小城镇的话，就完全没有机会了。但真正的事实是，历史上很多最为成功的人，最开始都是在农村找到属于自己的机会的。当然，他们后来都搬到了大城市，来找寻更大的发展空间，但是他们是从农村找到发迹的机会的。即便在荒无人烟的小村落，只要我们富于干劲、勇往直前、敢于坚持，就会找到出路。若是我们渴望知识，希望不断提升自己的水平，那么无论在哪里，都能找到属于自己的机会。

其实，生活在小城镇更好，舒适、安静，为我们的思考提供了一个更好的空间。我们的时间可以不被打扰，自由支配，神经也没有紧绷的那么厉害。大城市的那种喧嚣、竞争、匆忙与你争我斗让许多原先身强体壮的人把身体搞垮了，将许多原先在小城镇能取得成功的人，置于失败的田地。我并非对大城市颇有微词，其实它也有自身的优势所在。大城市为人们接受教育提供了更多良好的机会，这是小城镇所难以媲美的。但是，我还是想说，在小城镇这样的地方，有很多优势是足以弥补这些方面的不足的。强健的体魄是所有成功的基础，而城市则不是让人们拥有良好体魄的地方。

年轻人要相信一点，那就是属于他们的真正财富就在他们的脚下，只等着他们用那结实的肩膀与无畏的勇气去追寻而已。真正的"珍宝"就在他们身上，就在今日他们所处的环境之中，其他地方的找寻都是徒然。

难道机会就不会出现在自己的家门前吗？在得知重量为

一磅的鳟鱼的价钱仅为一美元时，一位住在新罕布什尔州附近的人马上买了几本关于渔业养殖的书籍，然后储蓄来自岩石上的水。几年后，他从养殖中得来的收入，远比在多山的土地上安安稳稳地生活来得更多。

一位年轻的农民说："我的兄弟斯蒂夫决定与我到西部去，我们到那里开辟一间大的农场，饲养一些有经济收益的动物。"

他的妻子回答说："为什么不在这片土地上饲养呢？除非我们在这片东方的土地上兢兢业业地工作仍得不到好收成，否则，我是不会跟你去西部的。"

这位年轻人陷入了深思，他决定在一大片荒耕的土地上种植草莓，为邻居提供水果。后来证明，种植草莓的回报是丰厚的。于是，他决定开垦其他荒地来种植水果。现在，他的水果农场是该州收益最好的。

一位乡下人久病初愈，一天他在无聊地削着柔软的松木，为在院子里玩耍的小孩子做了一个玩具。他的玩具做得活灵活现，邻居的孩子们都来要求他做这些玩具。他很快就将自制的玩具卖到了他所住的地区。后来，随着他的健康情况不断好转，他拓展了更为广泛的玩具业务，将产品远销海外。

一位刚从内战归来的马萨诸塞州的士兵，在观察到一只小鸟剥去稻谷外壳的行为后，深受启发。他以小鸟为原型，发明了一种脱壳机，全然改善了稻谷生产的过程。

难道生活中的机遇不就在我们的门前吗？一位来自缅因

州的男子从干草场赶回来，为身体残疾的妻子洗衣服。之前他从没有想过如何洗衣服，但他觉得这样传统的洗法太慢了，太耗时了。他努力发明了一种洗衣机器，从中大赚一笔。一位来自新泽西的理发师发明了指甲钳，变得富有起来。正是这种小型、看似不值一文的发明，却正是社会所亟须的，也是极具利润的。如何固紧手套的发明专利者能从中获得几十万美元的收益；领钩的发明者每年可获得价值两万美元的版税；袖扣的发明者在五年内获得了五万美金的回报；一位妇女扭曲了一下发夹，使之更加牢固，她的丈夫见此，就决定制造有皱起的发夹，也从中获利。

我们不要说类似于"我做不了这，做不了那"的话，这是毫无意义的。至少，你还可以睁开双眼，培养自己观察事物的能力，然后再掂量一下可行性。一位来自缅因州潘诺斯科特地区的妇女，现在已经生产出了超过一万二千双连指手套了。她说："我是在一八六四年开始的。在一间十五乘二十英尺的小房间里，启动资金也不过四十美元而已。我所生活的小村庄，工作的机会很少，许多妇女的日常工作就是在家手工编织些东西。在开始的第一年里，我们所用的材料是还不足二十五磅的纺线。但是我成功地让城镇里一千五百多人都需要我所编织的手套。从一八八二年开始，我购买了机器，之前每双耗费二十五美分的手套现在的成本只有六美分了。"这位女士名叫康登。她与邻居的不同之处就在于：别人只是想想的东西，她却实现了。

　　一位聪明的美国妇女拥有了一块湿地，她问别人这里可以用来干啥。"这块地只适合青蛙养殖。""如果青蛙在这里能够生长的话，那我就在这里养殖青蛙，然后卖到市场上去。"她这样去做了并取得了极大的成功，接连买下了周围几块湿地，扩大了青蛙养殖的范围。现在，她所养的青蛙在市场上供不应求。

　　堪萨斯城有一位名叫马斯维尔的年轻女士，为了生存，她开了一间擦鞋的培训机构。她雇佣了一些擦鞋者，让他们在城市一些适合的地点工作。很快，她所获得的纯收入就是之前开办培训机构的五到六倍。在维持日常的费用支出之余，她将多余的资金投入到关爱那些遭遇不幸的人身上。她有个完整、系统的计划，帮助那些以擦鞋为生的人与在街上的流浪儿。这些人都成为了她的朋友。她每天花费几个小时来维持正常的运营，她的那种受人欢迎的性格与自信的方式获得许多资金的赞助。她所做的慈善行为则帮助了这个城市的穷人。她的这个例子是很有借鉴意义的。

　　在上述这些例子中，他们在一开始都没有充足的资金，也没有到很远的地方去找寻机会，也许只是为成功准备的时间长了点。生活的最高层次的成功，通常是将原先为之苦苦做好的准备完美地发挥出来，获得最大化。

　　当乔治·柴尔德斯① 十二岁的时候，他只身一人到费城

---

① 乔治·柴尔德斯（George W.Childs，1829-1894），美国出版家。

工作。在那里，他的薪水在满足了自己的日常生活之后，仅剩五十美分。在一年的工作之后，除吃住的花销之外，只有二十五美元的积蓄。但这是一个适合他的机会，然后他紧紧地抓住了。

"我并不只是做自己应该做的。我做自己力所能及的，而且全身心地投入进去。我希望雇主能够明白，我比他对我的期望值更有价值。我并不在意生火煮饭，搞些清洁卫生或是大扫除之类的工作，做一些现在许多绅士们认为是卑微的工作。就是在我当跑腿的时候，我获得了阅读书籍的机会。在晚上，我跑到书籍的卖场，了解书籍的价格，学习一些日后所需的知识。我有一个远大的理想，我总是希望自己能够不断前进。"

"我住的地方附近有一间戏院，许多演员都认识我，所以我有机会进去，观看他们的表演。当然这是很多孩子都会去做的事情。我想了很久，觉得我再也不能这样了。一个年轻人不应该受到其他诱惑，为了娱乐自己而放松对自己工作的要求。至少，这是我个人对此的一些看法。我总是一个乐观的人，对自己的工作充满了兴趣。在完成之后总能感到一种成就感。"

"几年后，当我在一间公共财务公司工作的时候，我对自己说：'我迟早要有一间属于自己的公司。'我一个人为目标努力工作着。当时机成熟后，我有能力成立一间自己的公司，也有能力使之正常的运营。"

关于年轻人应该如何为人生的机会做准备，在《年轻人的陪伴》一书的一个故事里有很好的阐述。约翰·格兰特在一间五金商店工作，周薪只有两美元。在他工作的第一天，雇主就对他说："你自己熟悉一下这一行业的所有细节，成为一个有用之人吧。当你证明了自己的能力，我们将会重用你的。"

在经过几周细心的观察之后，年轻的格兰特发现，雇主总是要亲自核对一些外贸出口的货单。这些货单都是以法文或是德文书写的。他决心努力学习有关这些货单的知识，学习商用的德语与法语。某天，当雇主工作十分紧张时，格兰特主动提出为他核对货单。他做得十分出色。所以，下次有类似的货单时，经由他处理也就顺理成章了。

一个月后，他被叫进办公室，商店两位高管询问着他。其中一位高管说："在我四十多年的工作生涯中，你是第一位看到机会，并且积极把握的人。我总是要等威廉先生来到之后，才能开始工作。我们希望你能负责外贸这部分的工作。这是一项很重要的任务。事实上，我们很有必要找一位能干之人去担当这个职务。你现在才二十出头，就已经能看到自己的潜力，并且努力让自己发挥出来，前途无量啊！"

格兰特的报酬提升到了周薪十美元。在五年的时间里，他的薪水就达到了一千八百美元，还被派往法国与德国学习。他的雇主说："约翰·格兰特这个小伙子，可能在不到三十岁的时候，就能成为公司的合伙人。他能把握机会，并愿意为此做出必要的牺牲。这是值得的，非常值得！"

迪斯累利说过一句名言，即成功的秘密在于当机会来临时，自己已经完全准备好了，勇于把握。

阿诺德说："我们时常称之为人生转折点的时刻，其实就是我们之前不断努力的一个成果而已。任何机缘都青睐于那些之前早有准备的人。"

现在，很多雇主时常都会这么说：一个年轻人若是在工作的时候，在日常的商业活动中没有在某一方面做好等待机遇的准备，那么当机遇到来的时候，他们也就只能眼睁睁地看着这些良机从自己身边溜过。

海军造船厂最近公布的一份资料表明：将有四十多位劳工会被建筑维修部解雇，因为他们的技能不足。但在第二页纸上，却有这样的字眼：寻找适合的人。其中还附有一个很小的副标题：政府的监察人员未能找到从事三种海军管理工作的人才。在所有参加考试的应聘者中，没有一人能够在船厂管理、漂浮技术或是铜铁方面有过人的技术，没能达到政府在这方面对人才要求的标准，导致这些职位空缺着。

人类文明的进步，总是不缺乏机遇的存在。我们周围充斥着机会。但是，如何抓住机会，最大限度地利用，这才是我们需要考虑的问题。要是我们自己不努力去争取，谁也帮不了我们。加菲尔德总统说："时机可能就是让士兵们冲上战场的号角，但是号角本身并不能让人成为一名训练有素的士兵或是取得战争胜利的工具。生活不就是一座不断学习的大熔炉，一个不断自我学习的过程吗？

这是一个物质飞速发展与日新月异的时代。新的时代正向那些拥有勇气与决心的人招手，让他们在未来大展宏图呢！未来将更加需要训练有素的人，在某个领域中出类拔萃的人。那些凡事只懂一点皮毛的人将不再吃香，那些拥有专业知识与自律精神的人将是未来生活的领航人。他们所获得的奖赏将是以往任何时代所难以媲美的。所以，年轻人一定要接受良好的教育，在某一领域中有自己的特长。

对于那些识时务者、富于精力与能干的人而言，所遇到的机遇无论是从机遇的数量还是层次上都大为拓展了。对接受教育的年轻人、办公室的新员工而言，只要他们抓住机会，就能收获成功，这是一个显而易见的道理。之前，可能只有两三个职位，现在则需要五十多个；之前只需要雇佣一个人，现在则需要一百个人。

在过去一百年里，我们的机遇是在不断地增加，超过了以往任何一个时代。创造发明大大改变了我们这个世界的面貌，在艺术与科学上的跨越式发展为我们在许多新兴领域中的发展打下了基础，产生了许多新的社会需求。对那些有理想、勇于前进的人而言，这是一个是否再往上攀登的问题。"往上爬"，这是未来的一个呼唤。

世界有许多扇门，许多机遇，关键是能否抓住。所谓人生，亦不过是一个不断拓展、深化与升华上帝赐予我们天赋的机会，让人的身心处于一种和谐、均衡与美感之中！难道人生的最佳机遇不是服务别人吗？等待年轻人的许许多多的机遇，都是需要他们在智力与道德眼光上不断提升自己的。赚钱与生活的最大目的，就是奉献。

虚拟的英雄

XUNIDEYINGXIONG

第八章

　　一旦你产生了一个简单的坚定的想法，只要你不停地重复它，终会使之成为现实。提炼、坚持、重复，这是你成功的法宝；持之以恒，最终会达到成功。

——杰克·韦尔奇

这个世界上充斥着那些"将要成为英雄"的虚拟英雄。要是没有这样或那样的阻碍或是挫折，他们已经成为这样或那样的成功人士了。他们的心中整天都盼望着成功，但是却不想脚踏实地，只想走捷径。对他们而言，按照一般的渠道来获得成功，这样的代价实在太高了。他们总是妄想着可以一步登天，不用攀登那些恼人的阶梯。他们希望在人生中取得胜利，但却在战斗打响之前就已经临阵退缩。他们总是希望走在舒坦的道路上，道路顺畅，没有一丝的阻碍。他们压根不知道，其实正是火车与铁轨的摩擦，抵消了发动机四分之一的动能，这样才使火车能平稳的前进。要是将铁轨的摩擦消除掉，即便发动机发出再大的动能，轮子也会打滑，火车一步都前进不了。

一位懒惰的家伙抱怨自己不能养活自己的家人。另一位诚实劳动的人则说："我也不能，但我必须要为之不懈努力。"

罗马人在他们的宫殿里有美德与自尊这两个座位。这样人们只有在走过第一个座位的时候，才能到第二个。这也是我们不断前进的法则——美德、工作、自尊。"让我们努力工作吧"，这是罗马皇帝西弗勒斯死前对聚在一起的士兵们说的最后一句话。劳动、成就，这是伟大的罗马人的座右铭，也是他们之所以能够称雄世界的重要原因。即便是战功赫赫的将军在凯旋后，也要从事农业生产劳动。在当时，农业具有举足轻重的地位。对于罗马人而言，别人称自己为一位著名的农业家，这是一种最大的恭维与赞誉。因此，许多大家族的名字都是与农业的术语相关的。例如，西塞罗①一词，就是来自一种谷物，费比乌斯②是来自于一种土豆。在古代，许多农业部落都曾辉煌一时。那时，住在城市的人被认为是一群懒惰与没有骨气的人。即便一个强大如罗马帝国这样的国家，其根基都是与广大人民的勤劳分不开的。当罗马帝国搜刮了数量巨大的财富与俘虏了许多奴隶之后，多余的劳动力让原先的居民不再需要劳动了。此时，罗马帝国由盛转衰的历史开始了。一个原先让世界为之骄傲的城市，最终却因为一群深陷懒惰的人的腐败与荒淫，在历史中成为一个反面的笑料。

维多利亚女王并没有只是耽搁于享受安逸的生活，在她的工作范围里，她是一位不折不扣的勤奋之人。她精通欧洲几国语言，在晚年，还学习了印度斯坦语，因为这是她管辖的

---

① 马库斯·图留斯·西塞罗（Cicero，前106–前43），古罗马著名政治家、演说家、雄辩家、法学家和哲学家。

② 费比乌斯（Fabius，前280–前203），古罗马政治家、将军。

百万臣民所用的语言。

无论是君王还是一个普通的农民，或是一个平凡的男女，如果你看不起体力劳动的话，那么你自己就出现问题了。巴尔的摩一位名叫波拿巴的人将一把扫帚带回家，面对别人疑惑的眼神，他说："这是属于我的。"一位华盛顿的记者曾这样描述山姆·休斯敦将军："昨天，我看见山姆·休斯敦将军。他曾担任德克萨斯州州长，现在是一位国会议员。他像纳皮尔爵士一样，穿着一件整洁的衬衣，别着一条毛巾，一块肥皂，还有一把梳子。"腾特登爵士曾自豪地让其他人看他父亲曾经为了一分钱而开的理发店。路易斯·菲利普曾说过，他是欧洲唯一一位真正正统意义上的统治者，因为他能擦黑自己脚上的鞋子。

当罗马帝国一位最著名的演说家说"所有的艺术家都是在从事一项可耻的职业时"，罗马辉煌的历史也就逐渐暗淡了。对希腊人而言，当亚里士多德① 说出"最有规范的城市是不能允许一位手工业者成为居民的。因为那些靠手工生存的人，或是被别人雇佣的人，很难做出什么美德的事情来。有些人天生就该是奴隶"这样的话来，整个雅典都为之蒙羞。但有千千万万比西塞罗或是亚里士多德更伟大的人，他们的人生让人们认识到劳动的重要性，将劳动的价值重新体现出来，让劳动这种行为得到人们的重视，给予劳动应有的尊严。

————————

① 亚里士多德（Aristotle，前384－前322），古希腊哲学家、逻辑学家、科学家。

一般年轻人对商业行为都有一种莫名的反感。他们可能从小接受教育的时候，就觉得从事这方面工作的人是不够文雅的，而看不到其实发挥自己的特长才是衡量伟大的标准。无论是在政府部门、银行或是大的企业，根据他们不同的职业，他们对"绅士"一词的看法是不一样的。他们会努力的工作，然后等待晋升为书记员。但是这漫长的等待时间足以让他们在账房里获得一个更好的位置。他们不是让自己更加独立起来，而是寄人篱下。这些职业对一些阶层的人具有强烈的吸引力。他们不喜欢体力劳动，甚至是厌恶。他们认为只有摆脱了体力劳动才可以轻松的生活，在一些比较自由的职业中获得更好的职位。他们认为，相比于在竞争残酷的商业中，无知甚至是无能反而可能获得更好的机会。一种装模作样的人，看起来感觉挺有招架的，但却十分惧怕真正需要才干与努力的工作。要是你与他们在一起的话，就会知道他们完全缺乏工作的热情。当他们还是学生的时候，就已经很懒惰了，当他们一通过考试，书本就不知道扔到哪里去了。

正是这种人，他们对工作有一个错误的观点——若他们真的在这方面有什么理想的话——就是不断的沿着蒙特兰博警告的方向走远。这只会让个人为了薪酬与政府的职位而工作，将国民的爱国热情——吸干，最后只剩下一帮奴颜婢膝的人，毫无作为。

不要将自己的工作看得过高。所有正当的职业都是值得我们去尊重的。真正让我们道德堕落的，不是兢兢业业的工

作，而是我们在工作时所抱有的那种敷衍的态度。如果你真的
是那种正如吉本所说的"只是惦记自己要拿的工资，忘记了自
己要履行的义务"的人，那么，对你雇主乃至你自己而言，你
的作用是卑微的。不要将自己的工作只是看作赚钱的一种手
段。"我们可以选择轻松的工作，但是绝对要有真诚的态度。"
这是一张英文报纸上招聘助理牧师的口号。繁重的工作，要有
良好的态度——这才是那些真正取得成功的人所有的人生态
度。一般来说，那些喜欢"轻松工作"的人，绝对不会敢于主
动出击。将一项工作仅仅看作是维生的一种手段，这是对工作
本身的一种极大的蔑视。造物者可能已经给我们准备好了面
包，他可能让我们永远都居住在豪华的房子里，但他有一个更
为宏大与高远的视野。当他制造人类的时候，就不只想让人类
仅仅是满足其兽欲或是私欲。人类还有一种神性，这是多么奢
华的伊甸园都无法获得的。当初将人类驱赶出伊甸园的诅咒，
实际上带给人类难以估量的美好。从那以后，人类就必须要通
过自己的辛勤汗水来获得面包。所以，上帝让人类不仅在为生
存挣扎，更是在此基础之上，饱经苦难与挫折，才能实现自己
最高的理想与幸福，这不是没有深意与苦衷的啊！"我们的动
机总是可在我们缺失的地方找到。"

芒格说："只有一个明确与坚定的目标，这才是通往成功
的大道。这需要我们更为重视品格、修养、地位与成就。"

罗斯金曾写道："只有通过劳动，思想才能变得正常；只
有经过思想，劳动才能变得有趣。这两者不能分离，否则将受

到严厉的惩罚。"

为什么在同一张画布上，有人画的是祈祷主题，却能带来数十万美金的回报，有的艺术家却只能得到可怜的一美金呢？这是因为米勒特将价值数十万的脑力劳动都投入进去了，而另一位艺术家只是将价值一美元的劳动用在了画布上。

铁匠将价值为五美元的铁打造成马鞍，能获得十美元的报酬。一位刀匠将同样的一块铁打造成一把刀，能获得两百美元的收益。一位机械师将这块铁制作成针，从中能获得六千八百美元的收益。一位钟表匠将这块铁造成了手表，能获得二十万美元的价值，而制成时针，则能获得两百万美元的价值，这是同等重量下黄金价值的六十倍！

所以，关键是我们如何利用上天赐予的天赋，做一些我们必须要做的事情。绝对不能将勤奋抛掉，因为懒惰是一种诅咒。有人将自己的工作完成的圆满与富于价值，有人则是在毫无目的地修补或是破坏原先的计划。也许当他们年老的时候，就会感到这种缺陷，到时再想缝补起原先掉落的碎片，是很困难的。但是，看到自己一生所留下的巨大遗憾，这未免让人有所感慨。"一位农夫也许是辛辛那提斯，也许是华盛顿，也许只是一位淳朴地道的农民。"

在卢浮宫里，展览着一张穆里洛创作的画作，在画里面，有一位修女在厨房里，工人们都是白色翅膀的天使，而不是凡夫俗子。有人将一壶水放在火里烧，有人优雅地将一桶水提起，有人则是穿着厨师的服装，手伸向盘子。所以，平凡如此的生活都值得世人甚至是天使去关注。真正赋予这幅画意义的，不是这幅画所描述的景象，而是背后所透露出的精髓。若这是一幅乏味的画作，这也是因为创作者让它成为了这个样子。

正是我们的工作理想，才让我们与别人区分开来。随着年岁的增长，一个不断扩大的目标贯穿着生活，正如太阳从早到晚的表现，时而猛烈，时而虚弱。人也是如此，视野可能在不断拓宽，也可能逐渐狭小。根据你对自身的判断是不断拓展还是缩小，我们的工作也可能随之变得高尚或是低俗。你是一位认真的工人吗？你能在砖石上看到"诗意的存在"吗？或者，你只是看到一杯杯啤酒与一包包香烟？你是一位书籍爱好者吗？你能够阅读自己辛辛苦苦整理的书吗？仅凭着我的信念与坚忍，今天的我与昨天相比会成为一个更好的人。你是一位对自己的教学工作已经厌倦的老师吗？你能对自己这样说"因为我今天看见一个孩子如此耐心，以后我的教学工作要更有技巧与耐心"吗？

那些只是从一个外人的角度或是物质报酬乃至一些寻常的观点来看待自身工作的人，必将感到生活的无趣与单调。因为，他们觉得自己的工作根本毫无意义，既没有什么有趣的地方，也没有任何价值可言。这就好比从外面观看教堂的窗户，由于时间的洗礼，窗户变得暗黑与生锈。在单调与无序的工作中，任何事情的意义都失去了。但要是我们迈过教堂的门槛，走进里面的话，马上就能看到缤纷的色彩、优美分明的线条，棱镜清晰可辨。阳光在玻璃窗上做着追逐游戏，真是大饱眼福啊，给人一种超脱的感觉。人类的行为也能这样，我们必须要从事物的根本去看问题，要从事物的形式来探究其深含的本质。没有了这种探究的眼界，视野就会暗淡起来——我们所看到的景象，取决于我们所站的高度。

　　能从工作内部的潜能去看待工作的人，就不会认为工作是对自己的一种诅咒，而会认为是一种特权，能让自己在这个世界上自立起来，不论是他受命运青睐或是与命运之神擦肩而过，都是如此。一个生活有追求的人，是不会太在意生活本身的。这样，他就能渐臻完美。

成功的代价

CHENGGONGDEDAIJIA

第九章

俗世之物，焉能偿付如此之高的代价？

但，正是凡人，才能撷取。

—— 沃尔特·雷勒格①

---

① 沃尔特·雷勒格（Walter Raleigh，1552–1618），英国贵族、作家、诗人。

爱默生说："上帝以一定的价格，将某些东西赐予某些人。"我们只需要翻翻那些成就伟业的人的自传，就会清楚地发现，上帝是以一定的价格将成功出售给他们的。你永远也不可能发现成功是被"低价出售"的。

在决定自己以后的人生之路何去何从之后，我们为之所做的准备工作就会显得更具价值。你将会遇到这样一个问题：你愿意为自己所从事的工作付出多大的代价？如果你愿意付出相应的代价，那么，你就能获得自己想拥有的。

假如你像伽利略^①那样因为宣称发现了一些科学事实就被关进大牢，你还敢在牢里用稻草来演算吗？若是你发明了一台机器，在面世的时候超过了其他所有的同类机器，你想造福于世人，不愿独享，后来却被别人将成果盗走了，正如发生在艾

---

① 伽利略·伽利雷（Galileo Galilei，1564-1642），是近代实验科学的先驱者，著名天文学家、力学家。

利·维特尼① 与埃利斯·豪依身上的故事，这会打击你再次发明创造的热情吗？在暴徒将你辛辛苦苦经营的磨坊机器毁掉之后，你还有全新的热情去重新开始吗？你能像萨缪尔·莫斯那样为了电报的专利等待八年，然后还要做出巨大的努力为它推广吗？你愿意在自己发明了摊草机之后，还要亲自付钱给农民，让他们去尝试其效果吗？倘若你像麦克米克那样发明了收割机，然后还要抵挡住大众舆论的冲击，坚持在英国推广，报纸甚至讥讽这种发明只是介乎阿特斯战车与独轮手推车之间的不伦不类的东西，甚至还讪笑为一个飞行器，你还能不为所动，坚持自己的发明吗？你愿意像奥特朋那样长年住在树林里，只是为了重新繁殖一种被挪威鼠破坏的北美鸟类吗？在功成名就之后，你愿意像赛斯勒·菲尔德那样，放弃自己辛辛苦苦获得的休闲，投入所有的财富，还要面对所有人的嘲笑，投身于将大洋两岸通过电缆连接起来的数年单调的工作中吗？这在许多人看来是天方夜谭的。你能像他那样依然故我吗？

威名一时的拿破仑在功成名就之前又为成功付出了哪些代价呢？他足足等待了七年时间才获得了任命，这期间是极为艰苦的。在这段看似闲暇的时间里，他接受了军事教育，通过研究与不断的反思深化自己对军事的理解。这让他可以教那些老兵一些战争艺术，以及他们从来没有想到的战术。

---

① 艾利·维特尼（Eli Whitney，1765–1825），美国发明家。

当米开朗基罗[①]在西斯廷教堂绘画的时候，要自己沿着长长的梯子，提着砂浆来做壁画。他经常和衣而睡，所吃的面包都是在咫尺范围内。因为他不想将时间浪费在吃喝上面。在他的寝室里，始终有一块大理石，这样当他晚上起来或是夜不能寐的时候，也可以随时起床工作。他最喜欢的装置是一辆适用于老人的手推车，上面有一块玻璃，刻着"我仍在不断学习"的字眼。即便在他眼瞎之后，他也会叫别人用轮椅推他到观景楼，用手感来检查雕像。让这些作品获得永生，是他一生的梦想，也是他要为此付出的代价。

你对艺术的激情能够像维尼特那样，将地中海波涛汹涌的情景描绘出来，让观者觉得仿佛有一种置身其中的感觉吗？

你能像韩德尔[②]那样具有耐心，用自己的手指一点一滴地将大键琴的洞口挖空，形状却如同碗状吗？

塞耶[③]说过："真正的成功都是需要付出代价的。我们能做的是选择付出或是绕开。优柔寡断与目光短浅的年轻人希望能够在某天以一个'低价'来收获成功，但这就如商人一味地囤积商品，总想以最低的付出收获最大的回报，最终却只能损失惨重。任何成功都是需要付出一定代价的。那些想着可以走

---

① 米开朗基罗（Michael Angelo，1475-1564），意大利文艺复兴时期伟大的绘画家、雕塑家、建筑师和诗人。

② 韩德尔（George Frideric Handel，1685-1759），德国裔英国戏剧家、音乐家。

③ 塞耶（Ernest Lawrence Thayer，1863-1940），美国作家、诗人。

捷径或是可以少付出的人，到头来还是亏了自己。首先，我们要找准道路，对于旅行者而言，这可能是平坦也可能是狭窄的，也有可能是崎岖不平的。但若是我们想要达到心中梦寐以求的目标，这是我们必须要走的道路。

班克罗夫特[①] 认为将自己的二十六年时间花在美国这片土地上是值得的，这让他成为了"美国历史的一部分"。而著名史学家吉本则耗费了二十年时间来铸就《罗马帝国衰亡史》。

卢梭[②] 心甘情愿地为自己的文学风格付出努力，他说："我的手稿是十分凌乱的，到处画满符号，字迹难辨。这也从侧面反映了我在创作时候的艰辛。每一篇文章我都要经过四到五次修改，才能发表。有段时间，五六个晚上，我都会在自己的脑海里反复思考同一个问题，最后才敢动笔写作。"

牛顿[③] 耗费多年心血演算出的论文，最后竟被自己一条名叫"宝石"的狗毁掉了，但他毫无所动，只是重新再写了一遍。卡莱尔将《法国革命》的手稿借给一个朋友，那位朋友粗心大意的仆人竟然将这些手稿当柴生火了。卡莱尔也没说什么，只是静静地重新再来。若你身处他们两者所处的状况，你有勇气去支付成功的代价吗？

你是否希望接受教育，但又觉得没有获得接受教育的途

---

① 班克罗夫特（George Bancroft, 1800-1891），美国历史学家、政治家。

② 让·雅克·卢梭（Rousseau, 1712-1778），法国著名思想家、教育家。

③ 牛顿（Isaac Newton, 1643-1727），英国伟大的数学家、物理学家、天文学家和自然哲学家。

径呢？其实，只要你有足够的毅力与恒心，不论当地是不是缺少学校或是教师，有没有书籍或是朋友，是贫穷或是健康不佳，抑或自己天生耳聋、眼瞎，被饥饿、寒冷、疲乏折磨着，或是心中感到痛楚，这些，都不能阻碍你获得良好的教育。

你没有钱买书吗？想想法罗·威德吧。他为了能在晚上借助一个甘蔗果园的营火看书，不惜步行两公里雪路，脚上只是包裹着几块破地毯，向别人借回一本自己向往已久的书。当林肯还小的时候，他也时常要来回步行二十里路，去借一本自己买不起的书籍。

一位煤炭工人的儿子，由于家庭贫穷没钱买书。他就借别人的书，抄下了厚达三卷的书籍以及整本《利特尔顿的煤炭》。他就是后来的埃尔顿爵士，担任议长职务长达五十年之久。

还有一个孩子，家庭贫苦，只能靠自己的双手去努力。但他对知识有着极为强烈的渴望，决心要出人头地。他把编织稻草所赚来的钱用于买他日思夜想的书籍。他就是贺拉斯·曼，马萨诸塞州一家公立小学的校长。他的雕像与韦伯斯特的雕像紧紧挨在一起，矗立在州首府，让后人去缅怀。

格拉斯哥一位学习制作手套的学徒穷得甚至没钱去买蜡烛或是火柴，但他每天晚上仍借助着街上商店橱窗的灯火来学习。当商店关门后，他就爬到一座灯柱上，一手紧紧抓住柱子，另一手则拿着书。这位贫苦孩子的学习条件比绝大多数的美国孩子都要艰苦，但他后来却成为苏格兰最著名的学者。

　　当你匮乏到无法买面包，只能勒紧裤带缓解一下饥饿的痛感时，你还有动力继续去学习吗？就像萨缪尔·德鲁或是约翰·基托那样？

　　世上根本不存在什么捷径。所谓毫无挫折的说法只是忽悠人的。当你发现前路只有一条荆棘丛生的道路时，你有足够的勇气走下去，而不是东张西望，左右踟蹰吗？

　　你想成为一名演说家，让自己的思想影响别人吗？你愿意在海边花上数月时间只是对着大海练习发音，就像德摩斯梯尼①那样吗？你愿意像他那样，为了摆脱习惯性的耸肩动作而裸着肩膀，在一把悬挂的锋利的剑下面不断练习吗？你能独自站在法纳尔厅里，像温德尔·菲利普②那样遭受别人的嘘声与臭鸡蛋的招待，而能继续保持冷静，不为所动吗？你能像德斯莱利③那样，当他在议会上说的每句话都招来一阵嘘声的时候，还能面不改色吗？你能像他那样，坚守自己的阵地，直到最后赢得批评者的掌声吗？你能像柯伦那样，在议会发表意见的时候遭到阵阵的嘲笑，却仍然有足够的勇气坚持下去吗？你能像萨文娜罗拉、柯布顿、谢里登还有其他人那样，在第一次尝试失败之后，不管之后反复的失败，仍然有足够的勇气坚持

---

①　德摩斯梯尼（Demosthenes，前384－前322），古希腊著名政治家、演说家。

②　温德尔·菲利普（Wendell Philips，1811－1884），美国著名的反奴隶主义者、演说家。

③　德斯莱利（Disraeli，1804－1881），曾任英国首相。

下去吗？如果你刚开始就像小时候的丹尼尔·韦伯斯特[1]那样，腼腆与害羞，不敢当众发表演说，你会继续坚持下去，直到自己成为著名的演说家吗？

一个年轻人向奇蒂请教学习法律的方法。"那你能够不蘸黄油就吃干面包吗？"奇蒂这一看似唐突的反问却反映了一个年轻人要想取得声名，就必须要苦其心志、劳其筋骨的规律。

牢牢地下定决心，明白真正成功的人都是经过艰苦奋斗过来的。我们不能奢望着去找一份"轻松"的工作。要想在工作中感受到自己存在的价值，就必须要将自己的心与灵魂投入进去。我们必须要有坚定的信念，抱着必胜的信心，不要理会别人的讥笑或是讽刺。我们要历经困难与嘲笑，却不被他们击倒。那些将原先人类混沌的文明带到更高层次的道德准则的人们，他们在不断攀登的时候，也提升着别人。他们并不是单靠幸运或是财富，不是没有经过自己奋斗的懒人。他们习惯了挫折与打击——并不惧怕陈旧的衣服与清贫。他们靠自己的双手挣得自己的面包。

如果你像他们这些人，你终将会成功的。如果没有这些品质，不论你心中怀抱多大的梦想，最终也只是水中花、镜中月。

---

[1] 丹尼尔·韦伯斯特（Daniel Webster, 1782–1852），美国著名政治家。

罗斯金的座右铭

LUOSIJINDEZUOYOUMING

第十章

时间是我的财产，我的田亩是时间。

——歌德

在罗斯金的书桌上，有一块大玉石，上面刻着"今天"二字。

时间正是我们所亟须的：在智者手中，这是一种美好的祝福；在愚者手中，则是一种诅咒。对于智者，时间意味着为一种永恒而不断做着的准备；对愚者而言，这则是一个不断重复的自我沉沦与不可弥补的损失的擂台。那么，时间在你手中又是怎样呢？你是一位惜时的人吗？作为一个工人，你有充分利用时间去不断熟悉工作增加自己的价值吗？一个以自己的智慧为世界做出贡献的人，以自己的爱国之情闻名或是以慈爱受到邻居拥戴的人，这些人必定是珍惜分秒的人。一个将一小时细细分为六十部分的人，像守财奴一样牢牢守住每一个铜板，那么你就不会浪费每一分秒。

有人曾做过统计，指出了每天早上五点起床与七点起床的巨大差别。若是以四十年的时间长度来计算的话，假设两人晚上同一时间睡觉的话——那么，前者相当于多活了十年！迪恩·斯威夫特曾说，他还没有认识一位有名望的人，早上是喜欢赖在床上的。其实，很少人是在晚上工作，以确保自己的工作不被中断的。电话的发明者亚历山大·贝尔就是一个特例。他喜欢一觉睡到中午，然后晚上专心工作。

拿破仑每天用于睡觉的时间只有四个小时。当布罗汉姆爵士成为英国最著名的人时，他每天也是只睡四个小时。克波特曾这样写道："还有谁比我所做的工作更多？在我的一生中，一天三餐从来没有用时超过三十五分钟的。"本尼特主教也说，自己每天早上四点钟就起来学习了，同样类似的情形也发生在朱维尔主教与托马斯·莫尔身上。语言学家帕克赫斯特每天早上五点起床。历史学家吉本则不论冬夏，每天早上六点钟起来学习。拜访阿博斯佛特的人们常常会有这样的疑问：他怎么还有时间用于学习呢？因为他总是花大量时间去招待客人。面对这样的疑问，阿博斯佛特说，在人们上床睡觉的时候，他还在"埋头苦读"呢！

在回给父亲的一封信中，坎贝尔爵士这样解释自己不能回家的原因。他说："我要想获得成功，就必须要比别人更加勤奋。当别人去看戏的时候，我必须还要继续待在书桌上；当别人呼呼大睡的时候，我必须还要挑灯夜战；当别人到乡村玩耍的时候，我必须还要留在城里继续学习。"一个年轻人要是在人生起步阶段有这样的劲头，懂得珍惜时间与实现自己心中的理想是密不可分的，是非常难能可贵的。

一位富有的银行家说："我曾经也经历过身无分文的窘境。但许多年以来，我都是在太阳升起来之前，就已经投入到工作中去了，我每天一般都要工作十五到十八个小时。"

巴尔德博士说："这位富兰克林先生真是勤奋到了极点。在我所见的人当中，没人能出其右。当我晚上从俱乐部下班的时候，他仍在工作。第二天，当邻居起来之前，他早已又在那里工作了。"

两个年轻人在一位木匠那里当学徒，白天都非常忙碌。其中一人将晚上空闲的时间用于学习，另一人则怂恿他"扔掉那些老掉牙的书本，到外面找点乐子"，但这总遭到他的拒绝，因为对他来说，晚上的学习时间是不够的。他在默默地学习，很快就将自己所做工作的每个细节都掌握了。某天，报纸上有一则州政府征求建筑设计方案的报道，中奖者有两千美金的奖励。这位年轻的木匠决定将自己的设计方案投过去。他静静地做着设计，毫不理会别人讥笑他不自量力。最终，他赢得了奖励。当他在勤奋学习的时候，另一位年轻人则在消磨着时间。现在，这位曾经喜欢外出找乐子的人仍然只是一个技术低等的工人，每天所赚的钱，仍不能维持家人的生活。

如果你想了解一位年轻人的真正品格，就看看他是如何对待闲暇时间的。看看这些时间对他意味着什么。在被别人所扔掉的那些零碎的时间里，他是不断接受教育，提升自己呢；还是在阅读一本他觊觎已久的书呢；还是去看一场拳击比赛，或到酒吧喝上几杯，或是到赌场试试运气，参加赛马或是打打桌球呢？勤奋这种习惯一旦养成，其实也就撷取了成功的重要秘密。有计划有规律地节省时间，让每一分秒都最大化，让每一个"今天"都由每一个硕果累累的"小时"组成吧。

微粒的频率与蜜蜂的嗡嗡
WEILIDEPINLUYUMIFENGDEWENGWENG

第十一章

茫茫宇宙，皆有秩序。

小如微粒，规律跳跃。

——爱默生

蜜蜂辛勤的工作，

依照自然的天性，

井然地打造着一个有序的王国。

——莎士比亚

　　所有生物都是按照一种神性的法则创造出来的，一般而言，这种力量、协调与美感是贯穿于我们的天性的。他们与造物者的指引相一致，让四时有序，反复轮回。

　　有人说，有能力的人与无能力的人之间的主要区别，只是一个方法的问题而已。做事有方法的人，总是会用一种有序、系统的方式来安排自己的工作，这样可以节省身心在不经意间被无谓消耗掉的能量。而在毫无章法可言的人看来，这是没有必要的。在相同的时间内，前者要比后者收获更多，而且在工作中能感受到其中的乐趣，这是后者所难以想象的。

　　一个学生不能总是三天打鱼两天晒网，有时兴致来了，就认认真真地多学几个小时，弥补一下昨天因为没有心情而落下的功课，或是因为他抵挡不住来自社会的诱惑而没有上的功课。这样的生活态度，不论是在学校还是在社会上，都是难成大气候的。音乐老师告诉学生们，那些每天坚持练习两个小时的学生，要比那些毫无练习规律的学生进步更快。因为，后者可能在某一天里，心血来潮练上六到八个小时，然后休息两三天。也许，他练习的总的时间要比那些有规律的学生更多，但是他们这种随心所欲的学习方式，却将学习效果大打折扣。一般人不说，就是连诸如帕德勒斯基这样的音乐天才以及诺帝卡与山布里奇这么著名的演唱家每天都要坚持练习，以让自己达到一种可以"随时演唱"的状态。一位著名的歌剧明星曾这样对身边亲密的朋友说："要是我有一天忘记了练习的话，我就觉得自己的声线下滑了；要是我两天不练的话，我的朋友就会注意到；要是三天不练的话，观众们就会察觉。"

罗斯金极为重视秩序与规律，甚至将两者称为"比力量本身更为高尚"。它们对塑造成功生活的重要性绝没有被夸大。各行各业出类拔萃的人都将他们取得成功的经验归结于在儿时养成的习惯。正是这种从小养成的习惯让他们有序地安排事情，让时间得到最充分的利用。父母们从小就应培养孩子有条理与有序的习惯，坚持以下两条著名的格言："世间万事，皆有其理""世间万事，皆有其序"。这绝不是鹦鹉学语，而是正确生活方式的一个基本原则。倘能坚持这些原则，世上失意的人将减半。失序与困惑，缺乏方法与体系，这些容易滋生心理与道德上的疾病，让我们活得不顺心、闷闷不乐。

我们经常会有这样的疑惑：为什么一些能力平平的人竟能比那些更有能力的人取得更大的成就呢？稍微探究一下就可知道，两者的差别在于前者能够更好地利用时间，养成了事事有条理的习惯。一个做事有条理的人，即使自身能力一般，也能取得不凡的成绩。而一个能力超群的人，要是没有养成系统与有序的习惯，也是难有作为的。没有严密的组织与秩序的话，任何重要的组织都是很难建立起来的。诸如约翰·沃纳梅克、马歇尔·菲尔德与菲利普·阿莫尔这样拥有大企业的人，无不具有组织管理的天才与深谙规律重要性的视野。

阿莫尔说："在我的一生中，我总是跟随着太阳的脚步。无论在六十岁或是在十六岁，习惯都是很容易养成的。每天，我在五点半或六点的时候吃早餐，然后步行到我的办公室，此时已经是早上七点了。我深切地明了，要是我们都不需要等待别人过来催促我们工作的话，这将是一个多么美好的世界啊！中午，我一般吃面包与牛奶。午饭后，我通常还要睡一下，这让我的身心重新焕发活力，为下午的工作准备好精力。晚上九点的时候，我一般都是上床睡觉的了。"

谁能估量这种有序计划的生活习惯在阿莫尔成立芝加哥著名的阿莫尔研究中心过程中发挥的巨大作用呢？

美国一间最大的零售商店的管理监督员说："这间商店的所有事务都按照规章制度运行。这是唯一成功的运行方式，一间大商店就好比一支军队，在每一步的运作上必须要小心谨慎。一步走错，可能就意味着几千美元的损失，正如在战场上，一个错误的战术可能就会造成大量的人员伤亡。我们必须要小心计划每一步，避免错误的发生。我们雇佣了两千两百名员工，若每位员工都知道自己的职责所在，这样业务就能有条不紊地开展了。有时，我甚至感觉我们好像只是雇佣了二十二位员工而已。"

拿破仑说："在我脑中，不同的事情被有条理地分类着，就好像一个个抽屉一般。当我想中断某一个思想，我就关上储藏那些思想的抽屉，打开另一个我所想的抽屉。这些并不是混在一起的，既不会让我感到疲惫，也不会让我感到不便。我从不会被脑海中那些不自觉涌现的思绪影响自己的思考。如果我想休息，就把所有的抽屉都关上，然后我就睡觉。每当我想休息的时候，我都能安然入睡，几乎是可以自己随心所欲。"

对一般人而言，任何领域的成功在很大程度上都取决于有序与规律的习惯。

杂乱无章与缺乏条理只适用于那些极少数的天才，他们的知识早已溢满，难以进行精确的统计，只能随便地扔下几颗珍珠，让广大的读者或是听者们花费心思去串联起来。布冯说："即便是天才，要是没有规律的话，也仅剩四分之一的能力了。天才们时常变换生活规律，有点让人捉摸不透，有时莫名的让人不解；而有才华的人则是循序渐进，稳扎稳打，他们的成功源于有规律与有条理的工作。"

路德①在周游各国与积极的身体力行之后，近乎完美地翻译了《圣经》，让整个欧洲为之一振。只有一个词可以解释他的这种创举。每天，他都有一套严格的做事计划。当别人问到他是如何完成这一巨大成就时，路德说："每天，我都翻译

————
① 路德（Martin Luther，1483-1546），德国牧师、神学教授，开创了宗教改革。

一点点。"没有这种近乎严苛的生活计划,他是不大可能在别的工作之外完成这种翻译工作的。在他一生中,留下了七百卷的书籍。约翰·韦斯利大部分时间都在周游与传教,但在七十岁之前,他已经很悠然地写下了三十二卷八开的书籍。朗费罗在很短的时间里,每个早上抽出时间完成了但丁《神曲》的翻译。

当代一位最负盛名的作家与演说家在被问到如何完成这么多作品时,他说道:"我只是有序地安排时间而已。"

如果阿佛列大帝[①]没有因为身为英国国王而闻名的话,那么他也会被世人认为是一位著名的学者与作家。通过有条理地安排自己的时间,不浪费任何分秒,他成为那个时代最有学问的人。历史学家告诉我们,他每天将二十四个小时划分为三个相等的部分,其中一部分时间用作处理公共事务和国家的政务;另一部分时间则用于阅读、学习与宗教研究;第三部分时间则用于锻炼身体,参加诸如骑马、狩猎以及各种体育活动与娱乐,然后就是休息睡觉。当时,钟表还没被发明。所以,他利用六根长度一样的蜡烛界定时间,每根蜡烛的燃烧时间为四个小时。蜡烛被放置在宫殿的大门上。当一根蜡烛烧完之后,牧师就会给他提醒。

规律与方法才是真正把握时间的法宝。深谙此道的人才能最大限度地利用时间。这些人享受自己的工作,因为他们是

---

① 阿佛列大帝(Alfred the Great,849-899),韦塞克斯国王,以击败了维京人的侵略而闻名。

以一种有序、渐进与完整的方式展开工作的。整个过程没有半点仓促与让人茫然不知所措的感觉。他们能够按照先前的计划，有条不紊地将事情做好。

条理与秩序不仅让我们节省体力，而且是过上一种健康、快乐生活的必经之路。骚塞说："条理，这是心灵正常、身体健康的表现，也体现了一座城市的和谐以及一个国家的安全。它的重要性就好比支撑房子的大梁、组成身体的骨头。所以，它是极为重要的。"

卡恩船长的船队被北冰洋的冰山牢牢包围，几个月都没有突围的迹象。但是，他仍然要求自己的船员打起精神，让他们不要被疾病或是物资的匮乏所打倒。他要求船员们必须要严格按照原先每天的职责，履行自身的义务。后来，卡恩船长就这段艰苦岁月做了一个说明，他说："在那段决定生死的日子里，这不仅是为了我自己，也是为了船员，所以，我们必须要有一套严格的秩序与系统的行动。要是让他们屈服于自身的生理要求或是一些放纵的行为，那么，我们谁也活不了。当时，我就下定决心，一定要按照原先做事的规则来要求他们。每个小时任务的安排，一些职责的细节的交代，还有宗教的祈祷，餐桌上的礼仪，以及生火、点灯、放哨、查看周围的救援人员等工作都在有条不紊地进行。我们以潮汐以及天空的变化情况为标记。总之，在那么艰苦的情况下，我们仍然没有中断日常的生活规律。"

世上没有比毫无规律与毫无章法地工作更让人无所适从

与事倍功半了。当一个年轻人养成了这样的习惯，那么，他的一生将注定是一场悲剧。而那些当工作完成之后就把原先的知识扔掉的人，自己时常也会感到困惑，他们是正走在一条失败道路上的人。

不论你是老板还是员工，从商还是做其他行业，有序的安排将所有应该做的事情都简化了，做起来更为顺畅。无论是一架制作多么精良的机器，运行得多么顺畅，若是事先没有正确操作步骤的话，也只能陷入停顿的状态。成功之人都有一套正确的工作方法，事先在脑海中会有一种全方位的思考。他们的工作几乎不会陷入不知先走哪一步或该怎么做的情况，而是先理清头绪，对事物的优劣有一番感知，然后小心谨慎地执行，以求取得最佳的效果。

上帝是有秩序的上帝。世间万物都是按照一个既定的原则创造的，而不是杂乱无章的。若我们违背他的意志，与他对着干，那么，这样一个没有计划与系统的生活将与所有法则与秩序背道而驰。

铭刻在磐石上
MINGKEZAIPANSHISHANG

第十二章

勇敢的心
YongGanDeXin

当一个人一心一意做好每一件事情的时候，他最终会成功是必然的。

——卢梭

格拉斯通说："最好将字刻在磐石上，而不要辛辛苦苦写在沙滩上。"

与其泛泛地了解很多事情，不如精通一行。上帝创造人类的时候，并没有想着要让他们每个人同时成为医生、律师、钢琴家、木匠、机械师、速记员或是其他职业。那些真正有所成就的人都是那些将精力投之于某项事业中的人。

麦金利校长向德州工业大学的学生们发表演讲时说："你们所要做的，就是要尽力做好某件事，掌握某项技能。如果你们真正精通某一项本领，胜过别人的话，那么，你就永远不会失业。"一位成功的制造商说："如果你能做出质量优良的针，这比你去制造一些性能低劣的蒸汽机发动机更强。"谁不讨厌一件半途而废的事情呢？如果认为这是正确的，就勇敢地去做；如果是错误的，那就一点也不要去做。这个世上有谁听说过三心二意的人能在事业上取得辉煌成就的？

某位铁路工作人员说："大约在半个世纪之前，我刚走入社会，赚钱养家糊口。当时，我就下定决心，一定要闯出一番属于自己的新天地。我在一间五金商店里找到了一份差事，就是做一些打杂的工作，一年的收入只有可怜的七十五美金。当我工作三个月之后，有一天，一位顾客过来买了很多日常用品，诸如一些熨斗、平底锅、水桶、天窗、煤钳等等。因为他在第二天就要结婚了，所以现在提前一天添置一些家庭用品。这也是当地的一个风俗。这么多的用品都被打包在一架独轮手推车上，这对他来说有点不堪重负。当时我可以说是出于自愿的，我很高兴地去帮他搬运这些物品。一路上也是比较顺畅的，直到一段泥泞的道路，也就是现在的第七街区。轮子陷进去了一半，我无法推动。这时，一位好心的爱尔兰人驾着一辆运货马车过来，将我的独轮车与货物拉起来，并且帮我送到顾客的门前。我细心地盘点着这些货物，然后推着这辆空空的独轮车吃力地走回去了。虽然很累，但是我高兴地在一路上吹着口哨，有一种胜利的感觉。但是让我意外的是，我的老板竟然没有把我支付给那位好心人的一块银子报销。但是，在第二天的时候，一位商人过来找我，告诉我他昨天看到了我帮助顾客的情景，发现我有极大的工作热情，特别是我在处理自己运送的货物时的那份小心谨慎。他看中了我那份在艰难时仍保持乐观的心态与做事周全的态度，决定聘用我到他那里去做商店职员，年薪五百美金。在得到我老板的同意之后，我接受了他的邀请。可以说，从此以后，我就平步青云了。"

你可能时常会有这样的感慨：为什么自己总是在原地踏步

呢？为什么当你觉得自己应该是那位被提拔的人时，结果却是别人呢？但是，你有没有真正想过，自己是否真的值得提拔或是晋升呢？你对自己负责的业务细节都了如指掌吗？你能够做到像一位艺术家那样仔细研究自己将要作画的帆布吗？你有没有认真阅读过与自己行业有关的书籍，以拓宽自己的知识面与视野，让自己为雇主产生更大的价值，增添自己获得提拔的筹码呢？你自己是这个行业中最优秀的员工吗？如果你对这些问题的回答不是肯定的话，如果你不比自己周围的同事更有资格的话，那么，你又凭什么获得提拔或是晋升呢？

无论你从事什么行业，都要深入研究这一行业，要比自己的同事了解得更多，知道得更多。自己要下定决心，在自己所属的行业或是领域中要做到最好，让别人对你刮目相看。我们要树立起自己在某一行业的权威地位，对本行业事务了如指掌，这对你是有巨大优势的。这不仅能够让你免去许多工作上的尴尬，也让你不至于在一些紧急情况中手足无措，无以应对。在自己的工作中，没有什么事情是微不足道的，没有什么是不值得我们关注的。让这句话成为你的座右铭吧：无论我做什么，我都要做到最好。

某人曾带着非常惊讶的口吻去问一位成功人士："你是如何做到如此优秀的？"

"其实，很简单，并没有什么秘诀可言。我只是在某段时间专心做好一件事，努力地去完成它。做到最好。"

世界上还有哪个国家比美国出现更多人浮于事的情况

吗？你肯定听说过，一些技术根本不过关的石匠或是木匠们草草地将一幢房子建好，但幸好在人们入住之前就被一阵狂风吹倒的故事吧！你肯定听说过，一个本领还不到家的医学学生在手术台上双手颤抖，简直是把自己手术刀下的病人的生命当儿戏，这都是因为他在学校的时候没有认真下苦功去全面的学习所致。一位对法律术语都模糊不清的律师，打起官司来，只能让自己的客户为他在学校时没有好好学习买单了。还有一些只学了一半知识就跑去当牧师的人，站在讲坛上支支吾吾，不知所云，对着台下的人说些狗屁不通的话，毫无教益。此上种种例子，在我们这个国家里出现的还少吗？如果你不认真地为自己的工作做充分的准备，那你能将自己的失败归咎于社会吗？世上能有什么比精通更亟须的呢？大自然的造化也要花上一个世纪或更长的时间让一朵玫瑰花或是水果不断演进，进化到我们今天所看到的美丽的花朵或是可口的果实。但是，现在生活在这片土地上的年轻人却不愿意这样做。有些年轻人在东拉西扯地看了一点法律书籍后，就想着自己已经有足够的能力去处理一些棘手的案件了；或是仅仅在听了两到三节课的医学讲座后，就觉得自己已经有能力去给病人开刀了，全不理会病人的生命就在自己手上的事实。

当法国的路易十四继位的时候，他发现在自己周围是一群富有知识与教养的人，而自己就是一个没有文化的野蛮人。他狠狠地训斥了那些他儿时的监护人，让他没有从小就获得足够的知识，从而处于一种无知的状态之中。他曾大声喊道："在枫丹白露的这片森林里，难道不是有很多白桦树吗？"

要是一个人在成长的过程中，意识到自己拥有良好的天赋，但却因为在儿时没有获得充分的发展而始终达不到应有的高度，这是多么让人感到遗憾啊！许多人的人生之所以失败，只是因为他们在少年时期没有养成以适当、仔细与精确的方式做事的习惯。

如果一个年轻人凡事只做一半或是养成了三心二意、散漫的工作态度，养成总是拖拖沓沓的习惯，对自己手中的工作漠不关心，只是想着可以临时抱佛脚，靠着自己一时的应变或是欺瞒来骗过老师，那么他终将会发觉，自己到头来是害了自己。如果他带着这些习惯上大学的话，他也照样不会准备课程，把习题做得很烂，每次只是刚刚能够勉强通过考试，然后就这样混了几年，也许还要走一些后门才能获得学位证。如果他从商的话，那么，他与别人的交易也会是漏洞百出，因为他没有一套规划或是计划。习惯性的散漫，有时自己也把自己忽略掉了。在他所处的社区里，他没什么影响力，因为没人对他的做事方法或是判断力有信心。这样的人总是在犯错：早上到银行上班，又稍稍迟到了；他签发的账单又被老板责骂；他经常错过一些重要的会议，让所有对他抱有希望的人都深感失望。他总是认为，自己不应该注重这些无关紧要的小事，没必要花心思在这些方面。他写的书也是没有一点严谨性可言，他写的论文或是信件从来都不会分类，他的办公桌上总是堆满了各种各样的文件，杂乱到自己都不知道该从何处下手去整理。

这样的人不是失败者，还能是什么呢？与他做同事的人都深受其害。他的这种行为举止是会传染的。每个与他一起工作的人都会受其传染，他们就会觉得老板是不拘小节的，对业务的要求是没那么严格或是周全的，员工自然也会依样画葫芦。

许多有着很高天赋的男女，之所以始终无法坐上一个重要的位置，这与他们上学时养成的凡事没有做到最好的习惯有关。在他们每天的工作中，始终会出现这样或那样的新问题。因此，我们可以说，做事不周全，做事不严谨，这其实才是对自己精力的最大浪费呢！

无论男女，当他们明知自己没有做好一份工作，却获得一份优渥的薪水时，他们的所为就好比是一个小偷从别人的口袋里扒钱。这个事实是很多人都不以为然的。这种人浮于事的态度，对别人的正当利益视而不见，这其实是对人类相互信任这一法则的无情破坏。这些人很难真正地明白，一个人要是拒绝履行自己应尽的职责时，他其实是在伤害自己，让自己的灵魂蒙羞，这不是金钱本身所能弥补的。

一位年轻女士曾在写报告的时候说，自己并没有尽最大的努力去为老板做事，因为"自己所得的报酬也不高啊"，正是这种因为薪水不高而不尽心去做事的心态，让许许多多的年轻人难以在这个社会上立足。薪水微薄并不是我们马虎做事的一个借口。我们所领的薪水与我们做事的质量两者没有任何关系。

品格是成功的一个重要因素，你给老板的个人印象就能说明这一点。

　　纽约一位百万富翁曾告诉一位作家，当他还是个毛头小伙子的时候，他做出了一个口头上的协议：在纽约一间大型的干货商店里干五年，周薪为七美元五十分。在他工作到第三年结束的时候，这位年轻人已经学会了如何检验货物的能力。另一家商店提出给他三千美元的年薪，给他出国负责采购的工作。他说自己并没有向老板提起过别人的邀请，压根没想过要提出废除原先那份周薪七美元五十分的口头协议。许多人或许会说，这个小伙子真是傻得可以啊，干吗不接受这份邀请呢？但是，他最后成为了这间商店的高级合伙人。在他经过长达五年周薪只有可怜的七美元五十分之后，商店支付给他高达一万美元的年薪。因为商店的管理层看到，他所带来的效益要比他工资高出许多倍。最后，这位小伙子还是获益者。假如他这样想：他们只是给我七美元五十分周薪的薪水，我每周也只能得到这么少的钱。那么，我干吗还要费劲为公司赚取五十美元的利润呢？——这种想法在当前许多年轻人心中是盛行的。那么，既然你有这样的想法，也就不会奇怪，为什么自己始终都止步不前了。

　　年轻人初涉社会的时候，应该要有一个信念：无论做任何事情，都只有一种方式，那就是不管报酬多少，一定要把事情做到最好。

　　当你拿着薪水却做着垃圾一般的活时，这不止是你在欺骗自己的老板，更重要的是，你是在欺骗自己啊！当你马虎工作的时候，老板受到的损害并没有你自己受到损害的一半严重。对他而言，这只是损失一个钱的问题，但对你而言，损失的却是一种品格与自尊，是为人原则的缺失！我们的品格、自尊都是从日常的工作与生活中一点一滴累积起来的。任何人都承受不起在生活中编织一些腐朽或是韧度不好的毛线的后果。

菲尔德斯说："有些妇女缝补的衣服总是很容易脱毛，她们缝的纽扣，一不小心稍有点碰触，就会掉下来。但是，也有其他一些妇女，她们用相同的针与线所缝的纽扣却很结实，你可以随便折叠她们做的外套或是外衣，即便你在上下跳动，纽扣也紧紧地缝在衣服上。"

本杰明·富兰克林对自己的女儿说："萨利，这些纽扣孔做得真是太烂了，没人愿意穿这样的衣服。如果你要做纽扣孔的话，就要做最好的纽扣孔。"

富兰克林不仅仅是"言传"，他更是走到街上，请来一位裁缝，让他教萨利如何用正确的方法做好纽扣孔。

这位美国著名哲学家的曾孙女最近说了这一段轶事，最后还骄傲地说："自从那以后，富兰克林家族制作的纽扣孔就一直是最棒的。"

格拉斯通曾教育自己的孩子，无论他们做什么事情，一定要有始有终。无论所做之事是多么不显眼。

一天晚上，迈克尔·法拉第在灯光都熄灭、离开讲台的时候，不小心掉了手上拿着的一些东西。当他摸着黑寻找的时候，一个学生说："先生，假如你今晚找不到的话，没关系的。我敢肯定，明天一定会找到的。"法拉第说："是的。但这对我来说是极为重要的。这也是我的原则。当我决心要找到的时候，就一定要找到为止。"

德尔塞特公爵最喜欢的一句箴言是："要么就不要做，要做就做到最好。"

弗朗西斯·维尔兰曾说过一个故事，有一个学生简直是把学校当成游乐园，学习根本不用功，成绩极差。对此，那个学生辩解说："我日后并不想成为一名教师，我想做律师。"但是，一位糟透的教师，会是一位优秀的律师吗？

当丹尼尔·韦伯斯特还是一位年轻的律师的时候，有一次他到附近的法律书店找遍了所有的书架都找不到自己想要的书。最后，他花了五十美元从别处买了几本自己需要的书，因为他需要翻看与自己手头这个案件相关的之前一些权威判决或是先例，而他的代理人只是一位贫穷的铁匠。他最终赢得了官司，但是由于客户家境贫寒，最终他只获得了十五美元的报酬，连买书的钱都不够，更不用说搭上的时间了。几年后，当他来到纽约城的时候，亚龙·博尔就一件重要但让人头痛的并即将要呈交给最高法院的案子请教他。他看了一下，发现这与当年那位铁匠的案子差不多，只是名字上有些出入。由于之前对类似案件已经做了极为深入与全面的调查，这对他而言有点像简单的乘法表。当博尔就一些问题请教他的时候，他说，这些法律的先例最好可以追溯到查尔斯二世的时代。他口若悬河，事情的逻辑与脉络被他梳理的井然有序。博尔大为震惊，问他之前是否处理过类似的案件。"当然没有。我也是在今晚才知道你的这桩案子的。"他说。"很好，继续。"当他将整个脉络讲完了，韦伯斯特获得的报酬足以补偿他早期为客户打官司所浪费的时间和金钱了。但是，他所获得的奖励不仅仅是金钱，他因为自己工作的卓越表现而站在更高的事业起点上。

　　一位著名的英国律师学习多年，才获得了律师证书。但他的事业并不顺利，经常要连续地跑几个巡回法庭。有一次，一个朋友给了他一单毫无希望的案子，案子涉及巨额财产。整单案子的关键是伦敦行政区成立的具体日子，这根本是查不到的啊！这位年轻的律师接手这单案子，仿佛自己的生命就与打赢这单官司联系在一起了。他记得，克里斯托弗·威仁爵士的习惯就是将教堂成立的日子刻在拱心石上，而这个行政区原先也是属于威仁爵士管辖的教堂之一。之前所有找寻具体日子的努力都被证明是徒劳的。这位年轻的律师有着强烈的预感，具体的建立日期就刻在这些信条与训诫的背后。他凭着三寸不烂之舌说服了教堂司事。之后，他每天晚上一点点地拆掉那些灰泥，找到了那个日期。最终，他赢得了这桩官司。后来，他还当上了议长。他曾幽默地说，自己的成功源于当初那个晚上打破那些戒条。

　　法国著名的外科医生布尔登有一天去为红衣主教杜·波伊斯做一个极为关键的手术。在传统的专制制度下，他算是属于首相级别的人物。当布尔登走进手术室的时候，主教说："你可不能像在你医院对待那些草民那样，以那样粗暴的方式对待我啊！布尔登不卑不亢地说："我的天啊！每个饱受疾病煎熬的人，在我眼中都是像阁下你这般尊贵，就正如首相一般。"

追求完美是温德尔·菲利普的一种让人难以置信的性格。他说的每一句话都要准确地表达自己的想法；每个语句的长度都必须要适中，音调要适宜；在说出每个句子的时候，都必须要有一种平衡感。他是美国历史上第一位以能言善辩著称于世的演说家。他在演说时节奏与停顿的把握真是让人折服。

杰弗里曾这样问麦考利："你到底是怎样学到这种英式发音的？"

麦考利回答说："当我还是个孩子的时候，我就很认真地在阅读书本了。在每一页的页底，我都会停下来，然后逼迫自己对自己所读的段落做一个总结式的回顾。刚开始的时候，我至少要读三四次才能记住。但到现在，当我看完一本书的时候，我几乎能从第一页复述到最后一页。"他还说，在我还小的时候就经常听到别人纯正的英式发音，自己后来狠下工夫才模仿下来。他将这些都归功于自己母亲的建议。母亲曾经这样写信给他：

"听到你在毫不费力的情况下，就能在各方面都得到别人的赞赏，作为母亲很为你感到高兴。我知道，写作对你而言是很容易的一件事。你宁愿写上十首，也不愿认真修改一首。但是，孩子啊，卓越不是一开始就能获得的。在你被人认可的时候，一定要不断反思。有空的话，你可以独自出去散散步，仔细将每件事的来龙去脉想清楚。要尽心将每件事做到完美，之后就可以少费点心思了。我总是很赞同一位年老的无神论哲学家的一句话。当一位朋友安慰这位哲学家时，因为他本应得到上天的恩赐，结果却被一些不应得到的人获得了，这位哲学家淡淡一笑：'是的，但我会继续希望得到上天的这些恩赐的。'我亲爱的儿子，我希望你能仔细品味这句话。"

即便是像谢里登这种被世人视为拥有超群天才、说话字字珠玑的人，都要对自己的演讲有一个详细与详尽的准备。当世人允许他呼呼大睡的时候，他早就起床了，为晚上的演讲做着充足的准备。据说，他不断地修改着手稿。即使不是他最杰出的喜剧作品，他也要不断地演讲几次。因此，他能出口成章，睿智的语句有时不自觉地说出来，也就不出人意料了。

在贝多芬①的音乐作品中，基本上没有哪个小节不是他不断修改几十次以上得来的。在他的草稿本上对一首曲子最多有达十八次的修改记录，其中对结尾的合唱曲修改达十次。塞耶曾说，即便是对那些最为优秀的歌剧而言，最先的想法都是十分零碎的，要是没有这些手稿的存在，很难想象这些就是伟大音乐家贝多芬个人真实想法的写照。贝多芬最著名的格言就是：眼前的障碍并不能对那些有志者或是勤勉的人发出这样的信号——止步吧，前面没路了。

许多狗尾续貂的事情都抵不过一件做得完美的事情。半

---

① 贝多芬（Ludwig van Beethoven，1770-1827），德国作曲家兼演奏家，古典音乐的集大成者。

途而废的工作只是一种浪费，就像一个流产的计划一样。所有真正伟大的人都是那些有始有终的人。

有人曾问乔舒亚·雷诺德[①]："你是怎样在自己的职业上取得如此辉煌的成就的？"雷诺德回答说："我只是遵循一个简单的道理——努力将每幅画画得最好。"

当有人问其拉斐尔是如何化腐朽为神奇的时候，他回答说："从我很小的时候，我就懂得一个原则，就是绝对不要忽视任何东西。"

米开朗基罗在雕塑的时候善于利用每一件工具，例如锉子、凿子、钳子等。在绘画的时候，他总是亲自准备好各种颜料，绝不允许自己的学生或是仆人代为混色。从头到尾，他都亲力亲为。他自己亲自到露天矿场取来大理石，一定要在打蜡之后才做模型。原本在他的想法中已经是很完美的作品，但只要他还有什么新想法的话，就立即用凿子与木槌投入工作。一位法国作家曾这样描述他："在他六十岁的时候，我亲眼见到他。那时，他的身形已不是那么健壮了。但是，他的手总是不停地在大理石上雕琢着，碎屑不断的飞落。他在十五分钟内所做的工作，要比三个身强体壮的年轻人在一个小时内做的还要多——这在那些没有亲眼目睹过的人看来是不可思议的。他工作的时候是那么狂热，那么富有激情，有时甚至替他担心，是否会不小心就把整块大理石雕碎，每一次用力雕琢，总有

[①] 乔舒亚·雷诺德（Joshua Reynolds，1723-1792），英国著名画家。

三到四个手指厚度的碎屑飞出。"如果他要是再深入一根头发的厚度，就会前功尽弃，这不像黏土或泥土是可以修复的。他对自己的双手完全有信心。他知道自己正在创作一尊尊杰作。

任何一个战胜挫折而取得成功的人，都是成功学之所以存在的一个个铁证如山的证据。对他们这些事迹的研究重在强调一个事实，那就是：真正取得伟大成就的人，并不一定是那些拥有极高天赋与资质的人。那些杰出的人通常都是拥有着一种传统与简单美德的人。总之，有一点是成功的必然要素，这就是不能半途而废。

卡莱尔说："无论在任何情况下，我们都要有自己的职责与理想。即便是在困窘与苦难重重的现实中，我们也要坚持我们的理想。所以，不要抱怨，努力工作吧。对自己要有信心，坚强生活，让自己享受自由的阳光。这些就应该是你的理想。"

"吉米，这个马鞋不用弄了，缺点没人知道的。"一位马鞋店的老板慢慢地离开商店，留下自己的养子来为一只小马做鞋。他照着继父做的样板，做出的马鞋套在马脚上根本不合适，而这鞋的缺陷暴露时间的长短取决于马匹在泥泞路上要走多远。想到这里，他不禁摇了摇头，突然一副坚定的表情出现在他的脸上："我不要照这样做。我要做一双优质的马鞋。"他走到燃起猛火的火炉旁，在铁砧上大力地捶打着。最终，完全合脚的马鞋被制作出来。

　　这让比利·法拉尔感到困惑不解。桥下的那位马鞋制造商负责为兵营所有马匹制作马鞋。"为什么约翰·利亚这个做事毫无章法，技术糟透的人能为福布斯女士的爱驹打造马鞋呢？"他哪里知道，其实是利亚那个年纪轻轻的养子完成了这些不可能的事。

　　一位女士路过一条街的时候，一个小男孩正忙于清洁道路。她满怀兴致地观察着这个男孩的工作，微笑地问他："你扫的街道是我走过最清洁的。"

　　男孩提起帽子，很有礼貌地向女士敬了个礼，说："我要做到最好。"

　　男孩的这句话整天都在这位女士的脑海中萦绕着。过了些时日，这位女士的一位富有影响力的朋友希望有人能为他做事。这位女士向他推荐了那位在街上扫地的男孩。

　　"一个能将在街上扫地的工作做到最好的人是值得我们试用的。"他找到了这位男孩，先让他试用一个月的时间。之后，他对男孩的工作十分满意，就把他送到学校学习，后来让他担任一个重要的职位。

　　"在街角上认真扫地让我成为了一个成功之人。"他多年之后这样说。

　　一位技术师因为散漫的工作而被波士顿一位制造巨头责骂后，大声喊道："比利·格雷，我可告诉你，我绝不能忍受你对我这样说话。我可还记得，当你一无所有的时候，只是军营中一位鼓手而已。""是的。"格雷回答说，"我那时的确是一位鼓手。但是你敢承认我不是一位优秀的鼓手吗？"

当安德鲁·约翰逊① 在华盛顿的一场演讲中，谈到自己从市议员的位置开始自己的从政生涯，之后在立法机构的各个部门里担任过职务。就在此时，台下一位观众大声叫道："你是从一位裁缝做起的。"约翰逊总统并没有生气，而是面带微笑的说："以前当过裁缝这段历史压根不会让我感到有什么羞耻的。因为，当我还是一位裁缝的时候，我是一位优秀的裁缝，并能让顾客感到满意。我总是视顾客为上帝，尽力满足他们的要求，总是做到最好的自己。"

身为一位鞋匠并不可耻，可耻的是，鞋匠做出的是烂鞋。

威廉·艾勒里·钱宁② 曾这样说过："劳动这种行为，必须要让心智处于一种高度兴奋状态的人去做。无论一个人从事什么行业，他都要尽心尽力地将工作做到最好，在自己的领域中不断精益求精。换言之，做事完美才是我们真正应该追求的目标。这种动机不应该只是为社会多做贡献，或者是让自己看到完成一件工作时的那种成就感，这应该是一种不断自我修养的重要方式。只有这样，任何事情追求完美的概念才会在人们的脑海中扎根。这不仅限于我们日常工作的领域，还体现在生活的方方面面。那时，无论他做什么，他都会尽自己最大的努

① 安德鲁·约翰逊（Andrew Johnson，1808-1875），美国第十七任总统。

② 威廉·艾勒里·钱宁（William Ellery Channing，1780-1842），美国唯一神论的先驱者。

力，做到最好。生活中任何散漫与懈怠的工作态度都会让他感到极为不悦。他的行为准则提升了，因为他能在日常的工作中周全而细致，所以他会更好地完成工作。"

许多年前，一位大学生被派去勘察西部新斯科拿地区的大片土地。这是一片荒凉的土地，到处是灌木丛，人烟稀少，几乎没有道路可走。这里的土壤贫瘠，有价值的木材几乎没有，整个地区看起来根本不值得调查。而且人们对于这位年轻人的勘察前景也不抱什么幻想。但是，这位年轻人忠于自己的这份工作，忠于自己要做到最好的理念。据说，在过去十年时间里，他走遍了这片面积为一万三千零五十平方公里的土地，发现只有二十六户人家。打那以后，人们在这片贫瘠的土地上发现了金矿，而金矿的发现有赖于这位年轻勘探员细致完整的工作。后来，专家们沿着这位年轻学生所走的道路，反复地探寻着金矿的具体位置。在他们完成了最为细致的工作之后，政府最优秀的勘察员认为这些工作都是毫无必要的。因为，当年那位大学生所描绘的地形图被证明是极为精确、极为详细的。

我想，读者们都很想知道这位年轻人在花费了这么多年时间勘察那片荒凉的新斯科拿地区之后，未来的发展怎样。这位年轻人就是威廉·道森爵士，现在正在蒙特利尔的麦克吉尔大学任职。

工匠们想到的，是如何做完手头上的工作；而艺术家则是想着如何将一件作品做到尽善尽美。

詹姆斯·弗里曼·克拉克[①] 说："创造形成的过程是这样的：首先，学着欣赏上帝在广袤的天际、茫茫的大陆与湛蓝的海水上撒播的美丽与优雅，让我们认识到身体与灵魂的关系，认识到生活与行为、社会与艺术之间的种种关系，然后，我们才能像造物者那样去创造美，将这种凡事完美的概念传递到所做的作品之中，让思想更加精确，说话更得当，生活得更自在，工作的更舒畅。"

波斯有一句谚语："要想做得好，就不能半途而废。"我们要想让自己的工作富有价值，就必须要花费时间与精力。追求完美，才能铸就一位完美的人。无论是员工还是老板，都有责任将自己的本职工作做到最好，发挥自己的最大潜能。这个世界并不需要那些粗心、冷漠与三心二意的人，而急切地呼喊追求完美的人。那些做事东拉西扯、混着日子的人迟早会被更有才干的人替代。这个世界、这个社会需要我们将自己的最大潜能发掘出来，做到最好。我们应该有这样的概念：要是我做不好自己的工作，这个世界是不完整的。

乔治·艾略奥特[②] 在其《弦乐器》一诗中很细致地表达了她对一位著名的小提琴制作家的情感。他制作的小提琴有些已有两百年的历史了，现在的市场价格为五千到一万美元，这是相同重量金子价值的好几倍啊。艾略奥特在这首诗歌中这

---

① 詹姆斯·弗里曼·克拉克（James Freeman Clark，1810–1888），美国牧师与作家。

② 乔治·艾略奥特（George Eliot，1819–1880），英国著名小说家。

样写道：

> 如果我的手偷懒了，
>
> 我就是在欺骗上帝——因为他是完美的。
>
> 那么，我做的就不是小提琴了。
>
> 要是没有安东尼奥，
>
> 上帝也制作不了安东尼奥式的小提琴。

生活要有这样的一个原则，即无论在任何情况下，我们都要竭尽所能去做事，无论事情看上去是多么细小，都要尽心尽力。只有那些在小事上认认真真的人，才能担当大任，"一屋不扫，何以扫天下"。勇于前进，大胆尝试，不断拓展自己的潜能，这些才是踏上伟大成功之路所必备的。只有将自己当前的本职工作做到最好，才能在别的工作上做到最好。能力与素质在不断的锻炼中得到发展。如果你满足于凡事了了的话，就是在掩埋自己的才华，有点弃之不用的感觉。不要因为觉得自己很有才华，不该现在还窝在一个小职位上而感到不满或是愤懑。如果你真的有才华的话，无论你现在暂时的位置有多么的卑微，你迟早会发光的。这个你是可以放心的。

一个专心于自己工作的人，可以媲美那些国王！忠实与勤勉地履行今日的职责，明日将会有更大的机会等待着我们。生活只有一种成功的方式——就是诚实与勤勉的工作。这是建立起自身高尚品格与为人气质的重要渠道。下定决心，让自己成为自己最严格的任务审核者。即使是最微小的事情，我们都要竭尽全力。这样，我们的人生道路才会逐渐变得更加宽广，阅历更加丰富，对社会更有贡献。

我们首要的工作，就是要真实地面对自己的才华。我们只有不断将自己的潜能发挥到淋漓尽致，不断地做到最好的自己，才能无悔于自己的才华。

果敢为人
GUOGANWEIREN

第十三章

也许在人的性格中，没有比坚定的决定更重要的成分。小男孩要成为伟大的人，或想日后在任何方面有举足轻重的地位，就必须下定决心，不只要克服道路中的障碍，而且要在千百次的挫折和失败之后获胜。

——提奥多·罗斯福

哈里发奥马尔对勇士阿穆尔说："让我看看你那把历经无数战场与手刃千千万万异教徒的宝剑吧。"阿穆尔说："所谓宝剑，要是没有了主人的话，与文弱诗人手中的剑相比，也是毫无特色的，既不沉重，也不锋利。"一个一百五十磅的血肉之躯，要是与坚定的意志与果断的行为相比，也是根本不值一提的。

爱默生说："世上总有为果敢之人所留下的位置。"这个世界总是不断呼喊着那些明智且能自由发挥才华的人。原创力、建设性总是会让人处于一种优势的地位。敢于思想的人，有创造力与行为方法的人，总是敢于走前人所没走过的路，为后来者打开新的道路——这些人才是我们这个时代所真正需要的。

许多人之所以在世上碌碌无为，浑浑噩噩，究其原因，是他们缺乏足够的心理能量。他们的心智似乎不足以支撑他们去勇敢地做出某一行动。要有人推他们一把，帮助他们前行，他们才能勉强继续前进。他们自身并没有一种要不断向前的动力。许多这样的人之所以被生活所遗弃，并非他们的能力不足，而是心理出现了致命的缺陷，让他们所有的能力都陷入一种瘫痪的状态。他们看似充满着能量，但却无法运用。

世界上那些真正成就伟业的人，几乎都是清一色的心智强韧者，拥有着强大的神经。他们旺盛的精力与意志能力不仅能让其谋划一些宏伟的计划，也能让他们为了取得成功而克服重重困难。在这些果敢之人身上，我们几乎看不到一丝不确定与消极的迹象。这些人并不需要别人打气，他们自己就可以独当一面。

有时，让我们印象深刻的，不是他们说出的话，而是他们行为举止所散发出来的气质。他们的肢体语言就能够散发出一种能量。你能感受到，在他所说的每句话或是每个动作之中，背后都有一股巨大的能量在汹涌。

格兰特将军很少说话，经常保持沉默，但是每个与他待在一起超过五分钟的人，都能感受到他那伟大的品格。韦伯斯特激励强大的后备军，并不是靠自己的一张嘴，而是以自己的气质，让他们在关键时刻勇敢地走上前线。

在得知拿破仑即将要走过一条昏暗的长路时，一位年轻人埋伏在那里，以便干掉这位入侵自己国家的人。当拿破仑逐渐走近他的时候，呈一副沉思状。这位年轻人拿起枪，准确地瞄准着，就在其将要开枪的时候，由于慌张所引起的声响暴露了他的举动。拿破仑抬起头，一眼就明了了整个情况。他一言不发，而是双目紧盯着这位年轻人，脸上有一股毫不畏惧的神色。这个年轻人的神经崩溃了，枪从他的手中掉下。这位久经沙场的英雄再一次化险为夷，用自己的沉默获得了胜利。他又开始沉思着国家大事。对他来说，这只是他辉煌人生中一个不起眼的小插曲而已，就好比在许许多多名留史册的战役之后，一次小小的个人胜利眨眼间就被他忘却了。对于这位年轻人而言，这却是一次终生难忘的印象，当自己与一位身经百战、无往不胜的伟人相比，自己的一种渺小、不堪一击的感觉涌上心头。这好比是火柴划出的微光与闪电的巨光两相对比。

"哦，伊奥勒，你们怎么知道赫尔克里斯就是上帝呢？""因为，"伊奥勒回答说，"当我看到他的眼睛时，内心就有一种安全感。当我看着特修斯①的时候，我感觉他可能是要展开一场战斗，或至少是驾着他的马车参加比赛。但是赫尔克里斯无论是站着、走着、坐着或是做其他，他都有一种高高在上的威严感。"

无论哪个国家，都有这样一些人，他们还没有说话，气场就把人震住了，这些人将自己的影响力发挥到了极致。人们往往会很疑惑：他们真正震慑别人的秘密是什么呢？其实，秘密就隐藏在他们背后。有些人可能是通过自身的才华或是口才给别人留下深刻的印象，但果敢之人则是以自己极富魅力的存在给别人以震撼。"他一半的能量都没有使上呢！"这些人取

---

① 特修斯（Theseus），神话中希腊的建造者。

得胜利的方式，并不是靠着一把锋利的小刀，而是展现一种优越感，一种居高临下的威严。这些人富有统治能力，因为当他们置身于某个现场的时候，形势就会发生根本的改变。

一七九四年，当保皇派与雅各宾派一起反对成立不久的法兰西共和国的时候——此时，保皇派与雅各宾派在一些英勇的将军带领下有四万多兵力，而共和国这边则由手段温和、低效的曼农将军统领，人数只有区区五千人。曼农将军在紧急时刻宣布退休，起义人员胜利的口号在巴黎的大街上不断回旋着。夜幕降临，喧嚣不断，到了晚上十一点钟的时候，法兰西共和国灭亡的命运看来已经不可挽回了。在最紧要的关头，曼农被解职了，巴拉斯被授予最高军队指挥权。巴拉斯在接受这一任命的时候，犹豫地说："我知道有一个人能够捍卫我们，就是那位年轻的来自科西嘉岛的年轻军官——拿破仑·波拿巴。我曾在土伦战役的时候目睹过他的军事才能。他是一位不拘于传统军事法则的人。"他的这一举荐让国会的所有人都感到意外。接着，巴拉斯说："他是一位身材矮小、脸色苍白、脸颊还带着稚气的年轻人，看上去年龄也就在十八岁左右。"

"你愿意承担起保卫共和国这一使命吗？"总统问。

"是的。"拿破仑爽快地回答。

"你是否意识到这次任务的极端重要性？"

"完全明白。我总是习惯于成功地完成自己所做的工作。但是有一个条件是必不可少的，就是我必须拥有不受国会限制的军队指挥权。"

　　国会赋予了拿破仑最高指挥权，这一任命似乎立即将原先那些精神萎靡、如雕像般的士兵变成了真正的人。这让他们思想上变得空前活跃，意志更加坚定，行动更加迅速。拿破仑整晚都以自己超人般的能量工作着，而即便是那些情绪最为低落的士兵似乎也都被他的这种忘我的精神所感动。八百支滑膛枪与充足的子弹被运送至图雷伊地区，因为当时的国会议员都聚在那里，议员们也被临时组成了后备军。所有的街道都被封锁起来，加农炮装满了葡萄弹，驻守于每条大桥与主要街区，每当起义军进犯的时候，就毫不留情地给予还击。翌日清晨，警报声与隆隆的鼓声响彻天际，起义军大声喧嚣的音乐与招摇的大旗晃动着，似乎要随时进攻。看到拿破仑与其军队都坚守阵地，岿然不动，起义军的先锋部队首先开枪了。后来，阿伯特回忆说："这是一个一触即发的信号，拉开了一场血腥的战斗。"很快，爆炸声接连不断，一场葡萄弹①的"暴风雨"席卷了每个人群拥挤的街道，路上堆满了伤者与死者。先锋队动摇了，后撤了，炮声仍旧；起义军慌忙逃窜，炮声不减。他们四处逃跑，深感绝望。拿破仑让一支小分队对这些逃窜者紧追不舍，不断开枪，但子弹却是没有弹壳的。街道上重炮的声响回荡着，起义者早已不见踪影。在不到一个小时的战斗里，敌人就已经化为乌有了。拿破仑将居民的枪支收缴起来，安葬好死者，将伤者送到医院。"当拿破仑回到位于图雷伊的总部时，

---

　　① 葡萄弹（Grapeshot），为一种许多铁球组合成的炮弹，欧洲于18世纪至19世纪使用，此名称由其组合铁球的构造与葡萄相似而来。

脸色仍然苍白，如大理石一般凝着，似乎根本没有发生过什么事情。"在历经多年的流血与无序的冲突之后，首都巴黎终于找到了它真正的主人。拿破仑冷酷地说："这是奠定我日后地位的一役，我让巴黎人大开眼界。"

正是这种铁血般的决定，让所有人都能一目了然。

一个人"眼神中没有闪烁着目标"，口中不敢说自己"能取得胜利"，这样的人在很多情况下都是难以取得胜利的。决定在人生的过程中，就好比一座房子的根基。若这个根基是脆弱与不堪一击的，或是用极轻的材料支撑起来的，这是非常危险，也是非常错误的。所以，要是我们三心二意，最终只能把自己搞得一团糟，这是对时间与金钱的浪费，也严重削弱着我们的人格魅力。一个人的犹豫不决与拖沓绝不只是影响自己，因为一个人的生活会自觉不自觉地影响周围其他人的生活。所以，我们的优点或是缺点，在某一程度上会影响周围这些人的生活。

圣女贞德①成功的秘密就在于，她能看到问题所在，然后下决心解决它，这并非是出自于勇气或是视野，而是她的决定。在紧要关头做出抉择的稀有品质正是她的能力。她以上帝的名义，宣布查尔斯十二世为王位的继承者，恢复他的合法性，并以对英国军队的胜利来强化这种合法性。

大主教黎塞留曾说："当我下定决心之后，我就会朝着目

---

① 贞德（Joan of Arc，1412-1431），法国的民族英雄、军事家，天主教会的圣女，法国人心中的自由女神。

标前进，我不管前路多么艰险，我都会义无反顾地往前走。"

果敢决断与大无畏的英勇让许多成功之人渡过了重重危机，而犹豫不决则可能导致人的毁灭。

当把从圣彼得堡到莫斯科两地的铁路线路勘探完成之后，尼可拉斯知道，在任务执行过程中个人的影响力要强于对技术因素的考虑。他决定快刀斩乱麻，以一种不容置辩的方式解决这个问题。当铁路部长在他面前摊开地图，细心地解释着这一铁路计划的时候，尼可拉斯拿出一把尺子，在一个终点站到另一个终点站上画上一条直线，然后以一种排除各种反对意见的坚定语气说："你们要建造这样一条铁路。"于是，铁路的路线方案就定下来了。

德国著名战略家与军事指挥家毛奇① 很喜欢这个名言："先仔细权衡，然后勇往直前。"正是得益于这样的行为方式，他取得了许多成功与胜利。在做规划的时候，他是仔细、谨慎与缓慢的；一旦计划决定之后，执行起来却是迅疾、勇敢的，甚至是无情的。

无论是果敢的将军、不畏艰险的政治家或是夜以继日的艺术家，他们都会说："我完全掌握了整个局势，就好像我爬上了山顶，俯瞰全景，现在我要做的，只是行动。适合讨论的时间已经结束了，战争议会已经闭会了，将军们已经回到他们所属的部队，胜利的意志重新占据主导。决定已做，接下来就

---

① 毛奇（Count Von Moltke，1800-1891），德国军事战略家。

看行动了。"

一位作家在谈到一些总是时刻犹豫、三心二意的人时语气坚决地说："也许，他们这样于己是无害的。他们没有自己的个性，生活缺乏色彩，难以自立，没有果敢的勇气。他们就是芸芸众生中的一员，时刻跟在生活尾巴的后面，只能挣扎在社会最底层，成为毫不起眼的一位。人类的许多奥妙需要真正富于勇气的人去探寻，收获其中的价值。一个人要是失去了自身的判断，自己的主见，就只能任人摆布。其实，我们人类就好比是一团泥巴，让别人去揉捏、烘烤，然后制作成各种各样的形状。这些人不知道所谓的男子气概为何物。他们总是在别人的阴影中来回踱步，总是想着不断得到别人的指示，然后才能乖乖地活着；总是不厌其烦地向别人道歉，好像别人很饥渴自己的这种毫无价值的东西。他们难以自主，只能被别人牵着鼻子走。他们只能在退潮之后，才能脚步蹒跚地走在沙滩上。他们就像柯勒律治一样，自己都不知道自己的大脑在想些什么，只觉得自己总是一直在与自己争论着。在他们整个人生旅途中，总是在想着自己该往那条路前进，总是不断地从一个方向转到另一个方向，让自己感到手足无措，陷入痛苦的挣扎之中。他们可能在每朵花前停下自己的脚步，在每条街道上都要转弯探个究竟，而不是勇往直前。自我尊重源于我们所做出的勇敢的决定。我们对自身的尊重是一种公正与恰当的评价，应该是能够抵挡人与事的纷扰的。贪婪也是导致我们缺乏自尊的一个重要原因。正如一头毛驴面对着眼前的两堆干草，会陷入这样一种让它难以摆脱的心理怪圈，即应该吃哪一捆比较好呢？还有许多与它一样有着长耳朵的"难兄难弟"们都面临着相同的"苦恼"。谦虚是一种美德，但这并不是说我们就要没有自己的观点或是选择了，只是跟随别人的意见团团转，就像一只迷失的狗儿。软弱者不敢痛下决定，因为害怕自己做了一桩亏本的买卖。其实这种犹豫行为本身就是一种巨大的浪费。深思熟虑后坚定地下决心，这是对任何概念下气概的一种诠释。能让自己不断自我圆满，这是很了不起的事情。我们倾听别人的意见，用来审视自己的行为，这也是很有益处的。迅速地了解、洞察与掌握事情的来龙去脉，然后加以比较的能力——这种将事情分类的能力，让我们能够对不同的计划或是事件有更为睿智与有效的辨别。这种对事物事先的预测能力，使我们能够沿着先前的决定不断前进，顺利地取得成功。"确定自己是正确的，然后就勇敢向前。"这是美国一位著名人物所说的类似话语。得出结论的能力无疑是属于一种决断能力。事实上，这完全归结于决定本身。语源学家说，欺骗与欺瞒的意思是很相近的，都隐含着一种"终止"的意思，就好比将运河闸门的锁关闭了，银行的门关了——这是一天工作结束的标志。生活的成功在很大程度上取决于我们明了什么是自己不该去做的。在我们周围，浪费时间的人就好比嗡嗡的蜜蜂一般，难以计数。我们要让自己像一块火石，朝着那些能击打出成功火花的地方撞击。我们要敢于放下那些琐碎的事情，找回宝贵的时间。否则，我们就难以有所成就。心智脆弱的年轻人任由自己被别人一时巨大的影响力所感染，随风飘荡，没有勇气去选择与坚持自己的目标。这些人可能会做好一些事情，但却永远难以实现自己心中的愿望，也难以将上天赐予的天赋或是机会发挥到极致。要想取得良好的结果，就必须要有一颗专注的心和全神贯注的精力。否则，这就好比一架火车引擎上烧锅四周都是小孔，蒸汽都从这些孔溜走了，然而，我们还想着让火车飞速奔跑。

这个世界有很多不幸者，他们要么在监狱里呻吟，在声名狼藉下备受煎熬；要么在寒碜的家里，要么在暗无天日的地下室或是阁楼里，默默地死去。因为一颗脆弱的心灵时刻被强者牵制与利用。强者驱使弱者，难以适应的弱者就逐渐被淘汰。世界有一半的悲惨或是痛苦都源于我们心智的脆弱与犹豫不决。无论一个人的能力怎样，无论其想成为什么，若是缺乏决断能力，就只能时刻受制于环境，成为强者的傀儡。在人生的早期的生活中，养成果敢决断的习惯是极为重要的。这个世界上的许多失败者都不敢语气坚定地说一句：不！在一个恰当的时机，一句坚定的"不"，会让许多人免于"一失足成千古恨"的悲剧。

意志是心理引擎的强大的推动器。

不知有多少才华横溢的人，在看到一些果敢之人凭着果敢的决定，在生活中不断前进时，都会让他们深感羞愧。而他们虽然有着多方面的才华与巨大的潜能，但却白白地浪费了。他们让别人无限地期待，但等来的却是无数次的失望。其实原因很简单，他们缺乏一股果敢向前的能力。

只有养成了果敢决断的习惯，让自己远离别人带来的犹豫不决的影响，才能让飘无定向的生命之舟始终沿着一个方向前进，而不会东摇西晃。我们的意志是智趣王国的国王，当这位国王被摧毁了，那么，心灵的混乱必然会成为主流。无论是在工作上抑或是在道德品质上，每个年轻人都应该认识到这句话的真谛：犹豫之人必然会失败。

曾经有人说过："人类最坏的缺点就是喜欢听别人的建议。"当然，这是一种"心灵的呼喊"。如果我们的心灵能正确地感知与思想的话，一般而言，我们的行为也应该是正确的。这样，我们自己就可以轻而易举地做出应有的决定，而不是让别人为我们做决定。我们要为他人做出有价值的决定，就必须站在他们的角度看问题，理解他们所处的环境、所具备的能力、存在的制约条件以及他们的目标与优先的状况等。如果不是在这种情形下，要做出一个明确的决定几乎是不可能的。每年，数以千计的人的生活或事业停滞不前或是失败得一塌糊涂，这是因为他们总是习惯于向别人寻求建议，而那些被征询的人也茫然地给予了自己的一些建议。当然，这不是说，我们不应该向别人征求意见，而是说，我们不能与很多人谈论自己的事情，让别人看似清醒、明智的决定代替了自己的思考，这是很不保险与得不偿失的做法。

一颗饱经锻炼的心灵必须要能自立、自我克制、自我指引与自我控制。

　　有时，我们会发现自己处于一种紧急状况，必须要做出及时的决定，尽管意识到这可能是一个未经大脑深思的不成熟决定。在这种情况下，我们必须要将自己的理解能力与比较能力调动起来，处于一种高速运转的状态，让自己在当时当地做出最佳的决定。人生中许多重要的决定都是属于这种类型——需要我们及时做出抉择。

　　很难让一个事事犹豫的人养成一种总是迅速与果断处事的习惯。我们不能让沉思与反思不断地将一个问题翻来覆去，权衡再三，纠结于毫无紧要的细枝末节之上。我们的决定最好是一锤定音与毋庸置疑的，勇敢地执行，尽管有时证明这是错误的。这也比我们总是权衡再三，不断拖延要来的强。当我们养成了果敢决定的习惯后，尽管有时我们的决定过于冲动，但是对自身判断力的自信将让我们有一种全新的独立感。

　　意志坚定之人、果敢与行为坚定之人、自信之人，通常都是深受别人信赖的。没人愿意看到一个优柔寡断的人坐在一个重要的位置上。

　　几年前，有一个关于纽约州州长提名的故事。一位受人欢迎的州长热门人选被党的领袖认为必然能获得提名。他们共进晚餐，晚餐后将要举行党内高层的决策会议，以正式确定提名人选。但是，这位热门人选却有着挑剔的胃口，在选择每道菜之前都要焦急地挑选着、犹豫着。

　　"先生，可以开始点菜了吗？"侍者等了很久之后，这样问道。

"你们有什么啊？给我来点鹌鹑肉，对，鹌鹑肉。不，还是不要了。喔，这里有野鸡。如果可能的话，也给我加点野鸡肉。"

当侍者走开之后，他十分焦躁地坐着。当侍者端来野鸡肉的时候，他低声地说："我想两样都试一下。给我来点鹌鹑，两份都要一点。"但是，当两份肉都端上来的时候，他双手推开这两盘，反感地说："拿走这些！我不吃了。"

当晚餐结束的时候，他离开了房间，桌上其他人的脸色都变了。

"不，先生。"党的领袖说，"这个如此犹豫不决的人，连自己要吃什么都难以决定，完全缺乏作为纽约州州长应有的基本素质。"

后来，这个提名给了党内的另一个人，他当上了州长，后来又成为了总统。无论此人有什么缺点，但是他从来都没有因为犹豫拖沓或是没必要的延迟而被人诟病。

约翰·福斯特[①] 说："一个不敢做出决定的人，很难说是自己的主人。如果他敢于做出决定，那么，在下一分钟，一些莫名的原因带来的微妙的力量将驱赶阴郁，将人们决心之中毫无用处的一面可鄙地展现出来，以此来展现自身的理解与意志的独立。接下来的一件件事情将不断地在我们面前呈现本真。我们不断试着前行，但却如细小的枝叶漂浮在河边的一角，不时被到处丛生的野草所拦截，在每个小小的漩涡里不断

---

① 　约翰·福斯特（John Foster，1770–1843），英国随笔作家。

翻滚。"

　　不断自我训练，直到自己达到了一种能够做出正确决定的品质，这是人生道德与心灵锻炼的重要一部分。只有这样，我们方能不断地让自己"臻于完美"。

勇往直前的激情
YONGWANGZHIQIANDEJIQING

第十四章

熊熊的热忱，凭着切实有用的知识与坚忍不拔的毅力，是最常造就成功的品性。

——戴尔·卡耐基

　　甲君问乙君："你的朋友，汤普金斯这个年轻人怎么样？"乙君回答说："一个流浪汉。""流浪汉？"甲君惊呼道，"你不会是说他在街上到处游荡吧？"乙君说："不，当然不是了。他是一个思想上的流浪汉。他相信自己能够做许多事情，但是却不能下决心将其中的某项工作视为自己人生的一个目标。他有时尝试一下这个工作，但第二天就不干了，接着又去做第二件事了。其实，他这个人平常都是很懒散的，因为他无法将自己的精力集中于某一项固定的工作上。他是一个被人视为极富才华的人。但我想，正是这种所谓的极富才华最终毁了他。如果他只有一种才能，并下定决心让自己坚持下去，勇往直前，我想，这样的话，他成功的概率会更高。"

　　某人以优异的成绩从哈佛大学毕业。他是一位英俊、性格温和、富于魅力与充满活力的人。首先，他想在讲台上取得成功，但是过了不久就改行从事编辑工作了，不久他又去干起了教师的工作。他成为一个地方某所学校的校务指导，又在另一个地方负责广告出版的事宜，然后在第三个地方自己开办了一所学校，在第四个地方从事煤炭的试验工作。另外还有类似的一些工作。他跑了上千公里，从事不同的工作，花了许多钱。就这样走过了十二年，但他仍没找到自己一生中固定的追求目标，也没有一份稳定的工作与收入来源，还时常要为了每周各种账单而发愁，苦苦挣扎。

乔丹校长说："很多人对自己说，我将成为一名自然主义者、旅行家、历史学家、政治家或是学者。假如你从来都没这样说过，你只是将自身所有的能量都注入某方面，充分利用所有有利的条件，摒除一切阻碍我们实现目标的障碍，那么，你迟早都会实现自己的目标。对于那些知道自己该何去何从的人，整个世界都会为之让路。前方的理想正在向你招手，抓紧时间去跋涉吧。你必须要经过岁月的等待，做好充分的准备，敢于在人生岁月中找准一条路，然后挥挥手，一直往前走。"

在选择一项职业的时候，有多少年轻人愿意静静地坐下来，谨慎细致地审视自身的能力，做出一个明智的决定，然后再以坚持不懈的努力将自身所有的能量都用于实现这个目标呢？倘若一百个人这样做，那么起码有十个人都难以做到。只是看到眼前唾手可得与最为轻松的工作，只是想着立即可以带来的回报或是快乐，没有一个明确的细致的目标，未来只是一片空白。许多人对于自己进入社会之后要与哪些人交往不甚注意，而是随大溜，似乎只要身边有人，一切就行了。一般而言，选民都是跟随着一位富有远大目标的人，在后面蹦蹦跳跳，就好像温驯的羊群都是跟在头羊后面一样。一个年轻人初涉社会的时候，能够冷静地想一下自己日后的人生规划，想想目前与将来的人生走向，然后愿意为了一个目标将自身的能量都投入进去，这会让时间与精力获得最大的回报。但这样的年轻人实在太少了。

很多人只是毫无目的地投入工作。他们走进社会，想瞧个明白；他们步入政坛，却没有明确的目标。他们陷入自身凭空想象的东西之中，还以为这就是人生应该为之奋斗的东西。如果时势一切都顺利的话，那一切都还好办；如果遇到一些阻滞的话——在这个世界上，这种情况好像是居多的——他们就觉得一切都是错误的，都是难以理解的。

斯托尔克说："这个世界上，大多数人都是混过一辈子，他们所做的工作要根据环境而定。他们要是选定了某一个方向，这样效果可能会更好。如果允许的话，他们更愿意什么都不做，这是最好的了。"

埃利斯说："这个时代的年轻人需要听听这样一条古老的预言，它在历史的长河中不断疾呼——勿从大流。一半年轻男女犯下过错的原因，基本上都是由于他们想都没想就跟随别人做了。我们这种认为可以从'别人都这样'的行为中找到自身所需的行为方式的做法是极为有害的，阻碍着青年人的发展。盲从大众，你将哪里都去不了，最终只会被引入歧途。人云亦云，只能让你陷入一种危险、挫败与死亡的境地。"

当今时代急需的，不是那些随着舆论风向随时摇晃的风向标式的人。我们急需的，是有着远大理想的人，是有着一颗坚强之心的人。他们敢于为正确的事情出头，顶着舆论的喧嚣或是谩骂，实现自己的人生理想。

我们时常可以看到一些人，他们有很强的能力，也有着远大的理想。但他们却总是让那些对他们抱有期望的人失望。他们受过良好的教育，完全为生活的挑战做好了充分的准备。其实，他们像一个精密的计时器，缺少的也许只是一颗极小的螺丝钉或是尖尖的游丝或是主簧。他们缺乏果敢的决断，一次又一次让对他们充满希望的人感到无比失望。他们总是功败垂成。他那摇摆不定的目标总是让别人满满的期望化为乌有，最终也让自己所有的人生计划都化为泡影。

追求真理、有能力、真诚、忠于职责与光明磊落的性格——所有这些都是一个年轻人想要闯出一番事业所必不可少的。若是缺乏热情，缺乏工作时的快乐与荣耀，感受不到神赐予我们的力量，这很难让我们脱颖而出，让我们感觉到自己与上帝的意志合一。假若我们失去了这些能力的话，生命将失去其最大的魅力。

无论是殉道者、发明家、艺术家、音乐家、诗人、作家、英雄、文明的先驱或是推动各种伟大事业前进的人——
不论他们的种族、地域，活在历史时空的哪个角落，正是他
们将混沌的历史推向新世纪。这些人无一例外都是充满热情
的人。

无论你从事什么工作，如果你不能全身心地投入，你将
缺乏一种极为重要的素质，这种素质本身就足以让你摆脱平
庸。否则，你的工作将没你的印记，在别人看来就显得马
虎、平常。那么，我们如何从那些三心二意之人所制造的数千
作品中，找到具有你特色的作品呢？

热情是所有工作的灵魂所在，也是生命本身力量的一种
体现。若是年轻男女在日常的工作中，难以感受到工作所带来
的乐趣，只是为了生计而处于一种"被迫"的状态之中，得过
且过，将工作完成得马马虎虎，这样的行为必将招致无情的失
败。当年轻人以这种精神状态去工作，犯下的错误将是致命
的。他们不是选择错了努力的方向，就是将时间浪费于毫无结
果的事情上。他们所需要的是一种心灵的启发。他们要清楚明
了一点：这个世界需要他们拿出自己最好的作品。任何三心二
意与不费心思完成的工作都是对赐予我们才华的造物者的一种
大不敬。我们要将自己的天赋充分发挥出来，而不要总是扭扭
捏捏，生怕别人知道自己的厉害。当我们最终回到造物者的怀
抱时，绝对不要将我们自己原封未动地双手归还。根据每个人
不同的才智，要将自身的天赋不断加以发挥，扩大十倍、百

倍、千倍。

任何障碍在胆怯者看来都是难以逾越的高山，却都难以阻挡怀着高远志向的满怀热忱的年轻人前进的步伐。

当今充满热情的年轻人拥有以往同龄人所不具有的巨大机会。这是一个属于年轻男女的时代。整个世界都在翘首企盼年轻人去寻找新的真理与美感。大自然手中秘而不宣的奥妙等待着热情的年轻人去解开。今天所能预见的未来世界的创造发明，正等着激情满怀的年轻人去"耐心地挖掘"。无论各行各业，人类涉足的各个领域，无时无刻不在呼喊着热情者的出现。如果在这一群洋溢着激情魅力的年轻人身上找不到这种影子的话，那么，我们该上哪儿去找人填补这么多空缺呢？快乐的年轻人无敌！年轻人未来之路不存在真正意义上的黑暗和没有出口的狭路。他们应该忘掉这个世界上还有诸如失败的事情，笃信人类在数个世纪以来都在等待着年轻人创造一个新的纪元。

特朗布尔博士说："在上帝之下，整个世界掌握在年轻人的手中。"罗斯金说："几乎所有最美妙的艺术珍品都出自年轻人之手。"德斯莱利说："少年出英雄。"正是年轻的赫尔克勒斯创作了《十二武士》；当亚历山大大大帝① 气吞山河地席卷那

---

① 亚历山大（Alexander the Great，前356-前323），古代马其顿国王，亚历山大帝国皇帝，世界古代史上著名的军事家和政治家。

些时刻觊觎着要将欧洲文明扼杀于摇篮之中的亚洲游牧部落的时候，他还只是一个年轻人；罗穆卢斯建立罗马的时候，也才仅仅二十岁；皮特与博林布洛克在成年之前，就已经担任牧师了；格拉斯通在早年就成为了议员；牛顿在二十六岁之前就几乎做出了自己一生中所有伟大的发现；济慈[1] 死于二十五岁，雪莱逝于二十九岁；路德在二十五岁的时候，俨然是一位成功的宗教改革家；伊格内伊斯·洛洛拉[2] 在三十岁的时候成立了自己的社团；当特菲尔德与韦斯利还在牛津大学上学的时候，就开始著名的评论工作了，前者在二十四岁之前就已经在英格兰家喻户晓了；维多·雨果在年仅十五岁时就写下了一出著名的悲剧，获得皇家学院的三个奖章，在二十岁的时候就获得了大师的称号。

热情是我们克服所有障碍的推动力。正是这种让全身都处于一种亢奋的热情——让我们去做自己心中所想的，推动着我们的事业向前发展。热情难以忍受一切阻止我们前进的事物。当韩德尔还是小孩的时候，不让他去接触乐器，或是不准他上学，生怕他会学习到音乐，这样的做法又有什么用呢？他还是会在半夜时分，拿着偷来的乐谱在秘密的阁楼里练习着竖

---

[1] 济慈（John Keats, 1795-1821），英国著名诗人，浪漫派主要代表人物。
[2] 伊格内伊斯·洛洛拉（Ignatius Loyola, 1491-1556），西班牙骑士。

琴。孩童时期的莫扎特[①]整天在做一些他不喜欢的功课，只有等到午夜时分才能溜到教堂，将自己对音乐的热爱淋漓地表现出来。童年时期的巴赫因为没有蜡烛，借着月光抄下了整本音乐著作。拳脚与恶言只能让孩童时期的欧里·布尔[②]更加痴迷于小提琴。

冷漠不可能铸就一支战无不胜的军队，不可能让雕塑充满魅力，冷漠难以创造出美妙的音乐，难以解开自然的奥妙，难以建造让世人为之惊叹的建筑，难以吟出震撼人心的诗歌，难以让世人有英雄般的壮举。正如查尔斯·贝尔说，热情就像一双手，正是这双手塑造了门农的雕像。正是热情，让水手那双颤抖的手将细小的针穿过轴子，引发了印刷机的一场革命。热情，就像伽利略手中的望远镜，整个世界都在他的双眼下，难以遁逃。热情，是哥伦布在早晨的微风中看到了向往已久的巴哈马群岛之后，兴奋地将高高的上桅帆收下来。热情，让我们拿起锋利的剑，为了自由而抛头颅、洒热血。热情，是第一位无畏的樵夫拿起斧头，砍出了一条人类通往文明的道路。热情，将一次次离情别绪在弥尔顿与莎翁的笔下升华为闪烁的思想。

博伊尔说："若是没有某种程度的热情，任何伟大都难以

---

① 莫扎特（Mozart，1756-1791）奥地利作曲家，欧洲维也纳古典乐派的代表人物之一。

② 欧里·布尔（Ole Bull，1810-1880），挪威小提琴家、作曲家。

谈起。这是通往伟大所必需的。缺失了热情，没人会敬畏自己；拥有了热情，没人会鄙视你。"这是成就有价值的事业的一个必然因素。伟大的发明，精致的雕塑，让世人一直为之津津乐道的诗歌、散文与小说，无不能看到热情这种精神力量的存在。在那些只知道溜须拍马、卑躬屈膝的人身上，很难发现热情。热情，就其性质而言，是催人奋进的。

史达尔夫人说："热情一词在希腊语中的定义是最为高贵的。热情意味着'上帝在我们心中'。"正是这种上帝的精神让活力四射的善男信女们将自我忘掉，抛弃个人的荣辱，不顾旁人的讪笑或是阻滞，追逐着自己的理想。

班扬①本可以有属于自身的自由。但他不能撇下自己可怜的瞎眼女儿，还有一家人等着他糊口呢！要是没有对自由的挚爱，没有理想的鞭策，生活潦倒到如此地步的人早就忘记了还有开启大众心智的使命。正是生活的激情让这位来自贝德福德的贫苦、默默无闻的补锅匠以惊人的热情与毅力写就了一本永垂不朽的著作，而他的读者也遍及世界各个角落。

温德尔·菲利普斯有一句金子般的名言："热情是灵魂的生命所在。"

贺拉斯·格里利说，世上最杰出的作品，属于心智高尚之人与热情融为一体的作品。

---

① 班扬(John Bunyan, 1628—1688)，英国著名作家，代表作《天路历程》。

一间大型商店的职员常常讥笑一位共事的年轻人。这个年轻人刚开始只是一个办公室学徒，但却做着额外的各种杂务。他们嘲笑他的这种热情与认真劲，说这样做是毫无意义的，自己也得不到一分钱。过了不久，他从所有员工中被挑选出来，成为了公司的合伙人。后来他成为了这个国家一家最大规模企业的主管。

相比起能力，成功更青睐于热情之人。世界为那些知道何去何从与勇往直前的人让路。无论前路会有多大的阻滞，显得多么黯淡，热情之人都笃信自己有能力实现心中的理想。

正是靠着一股锲而不舍的坚持，塞勒斯·菲尔德在历经十三年的失败之后，终于铺好了跨越大西洋的电缆；正是凭着勇往直前的激情，史蒂文森不顾世人的讽刺，终于驾驶着动力火车，狠狠地让那些人闭上了嘴，而他自己也在历史上画上了光辉的一笔。正是凭着一种"舍我其谁"的气概，最终让富尔顿的"愚蠢号"自在地游弋于哈德逊河，让以往那些唱着反调的人惊恐不已，难以相信自己的眼睛。正是靠着这股如火般的爱国热情，让帕特里克·亨利吟出了经久不衰的爱国诗篇，时至今日，学校的孩子们还在爽朗地阅读着。正是源于一种爱国热忱，夏尔曼远渡重洋，所向披靡。

有人曾说，所有的自由、改革以及政治成就，基本上都是出现在那些由一群充满热忱的国民所组成的国家里。

锲而不舍地磨炼着心智，增益其所不能，让思想充满活力，让双手更加灵活，直让一个原先传说中的可能成为现实。让别人称你为热情者吧，尽管他们说出的语气夹杂着嘲讽或是鄙视的神情。不要害怕这个称谓。如果某件事你感觉值得去做，在你看来值得为之奋斗，那么，用你所有的热情调动自身的才华去追寻吧。别人的闲话，就让它随风飘散吧。笑到最后之人，笑得最灿烂。大凡有所成就之人，都绝非胆小如鼠、三心二意或是满心疑惑之人。

若是你重视自己手中的工作，并且尽心尽意地完成，不管世人如何看待，那么，你必将会被世人重新认识。

对自己手中工作的价值与重要性要有一种坚定的信念，认识到要是没有自己的工作，世界是不完整的。对自己的理想，要有一颗坚如磐石的执著之心，笃信自己就是实现这一目标的不二人选。

当岁月染白了我们的双鬓，让我们脚步蹒跚之时，只要心中还有那股热情之火，就仍可保持年轻的精神。年老所透出的成熟与睿智，实可媲美年轻时的风华正茂。格拉斯通在八十高龄的时候，要比那些与他怀抱相同理想的年轻人更具能力与影响。俾斯麦① 在八十岁的时候，仍是一个让世人为之颤

---

① 俾斯麦（Bismarck，1815–1898），普鲁士宰相兼外交大臣，是德国近代史上杰出的政治家和外交家，被称为"铁血首相"。

抖的人。七十五岁的时候，帕默斯顿[1]二度成为英国的首相，八十一岁时死于相位之上。七十七岁的伽利略，眼瞎身弱，但每天仍不断演算着钟摆原理。这些事例让人不禁感叹：岁月易逝，热情犹存；白发丛生，敬意凛然；身虽老朽，依然故我。《奥德赛》出自一位老盲人之手，名叫荷马[2]。弥尔顿在穷困潦倒的老年，双目失明，他曾这样说："我不会对上帝的意志有任何抱怨，希望与欢乐依然在心中跳跃，内心仍然充满着感激之情。"当他在描述伊甸园第一对爱人的时候，岁月的风霜难掩他内心的悸动。

约翰逊博士的代表作《诗人们的生活》，是在他七十九岁时完成的。牛顿在八十三岁时仍为《基本原理》添加了一些概要。柏拉图在生命的最后一息仍笔耕不辍。汤姆·斯科特在八十六岁的时候才开始学习希伯来语。伽利略在七十岁的时候才开始关于运动定律的写作。詹姆斯·瓦特在八十五岁时学习德语。萨默维尔在八十九岁时完成了《分子与显微的科学》。洪堡德在九十岁时终于完成了《宇宙学》，一个月之后，他与世长辞。

与美丽一样，洋溢的热情让我们永远年轻，将阳光驻于心间，这可算是一份天赐的礼物，但这也是可以培养的。一

---

① 帕默斯顿（Palmerston），查未详。

② 荷马（Homer，约前9世纪–前8世纪），相传为两部长篇史诗《伊利亚特》和《奥德赛》的作者。

位智者曾说："唯有理解，方可获取。"我更愿意加上这一句："唯有热情，方可获取。"热情让羞怯者充满新的希望，让心碎者看到曙光。而对那些原先已经足够强大与勇敢的人来说，更是如虎添翼。

"我想，因此我一定能做到。"
WOXIANG,YINCIWOYIDINGNENGZUODAO

第十五章

天下绝无不热烈勇敢地追求成功，而能取得成功的人。

——拿破仑

疑惑、恐惧、沮丧，这些都是自私与消极之人的"专利"，与我无关。上帝让我不断前行，内心中不时回荡着这句话："我想，因此我一定能做到。"

"大自然是一片苍茫的树林与草丛，要想做好自己，就必须要有开拓的血性。"

"坚定的目标无疑是一颗自主之心的印证或是徽章，足以应对世事沉浮，人事变迁，最终将所有的障碍一一融掉，顺利抵达成功的彼岸。"

"生命有一点很有趣，即当我们真正地去做一件事情的时候，所有的消极因素看似都瞬间消散了。"

在穿越阿尔卑斯山脉这场著名的行军之后，拿破仑统帅的军队来到了奥斯塔河边。山谷葱绿一片，在春日的意大利早晨显得一派明媚。前方延绵的路通往村庄、葡萄园、果园。左右两旁夹杂着阿尔卑斯山的冷杉，峰顶覆盖着皑皑白雪。当士兵们士气高涨地前行的时候，突然士兵们传言说，在山谷前面形成一个陡峭、崎岖的峡谷，只有河水往那里流淌，羊肠小道都没有。更要命的是，还有一个占尽天时地利的奥地利军队的堡垒，刚好建在险峻的岩石之上，易守难攻。这让军队继续前进显得不大可能了。即便是身经百战的老兵都惊慌得面面相觑，死亡的阴影似乎立即笼罩在原先还哼着欢乐调子的士兵脑海中。

但是，年轻的拿破仑仍是那么的冷静、自若，没有半点迟疑。他已经开始着手解决这个看上去不可能的困境。他小心翼翼地从一条小道走到了堡垒的对面，登上了一个制高点，拿破仑在一些矮小灌木丛的掩护下，透过望远镜，细致地观察着，对面的大炮排列着，四面都是岩石。突然，他发现了在那座堡垒之上还有一个悬崖，其中的隙缝大约刚好能让加农炮穿过，这样整座堡垒就可以说不堪一击了。而在对面的峭壁上，在加农炮的射程之外，还有一块突出的岩石，足以让一个人通过。

观察完之后，拿破仑回到了阵地，他立即命令一支先锋队沿着那条路，一个个牵着马匹经过。奥军看到三万五千法军沿着蜿蜒的山路安全地绕过，像一条长蛇，紧紧地贴着岩石的表面，感到极为懊丧。

阿伯特说："在到达峰顶的时候，拿破仑在日夜无眠的工作之后，累得不可开交，就在一块岩石的阴影下睡着了。长长的队伍小心翼翼地穿过，每个士兵都注视着自己的统帅。他们不能打扰敬爱的统帅的睡眠。他们脚步轻轻经过拿破仑身旁的时候，眼睛都盯着他那瘦削的身体与苍白的脸颊。"

奥军将领在写信给梅拉斯将军时说，他看到三万五千法军与大约四千匹马沿着阿尔巴雷多山脉绕过去了，但是没有一架加农炮在他们的射击范围内经过。他不知道的是，当他正在写信的时候，拿破仑按照事先的计划，将一半的法军武器运到了山谷。在漆黑的午夜时分，法军沿着狭窄的山谷往下走，沿路铺着干草与树枝，将辎重的轮子裹上外衣与稻草，在悄无声息中通过了山谷。这一切都是在敌人手枪射程范围之内进行的。第二天晚上，最后一台加农炮被法军运走。顷刻间，这座堡垒沦陷了。

其他一些军事将领可能会做出相似的决策，但像拿破仑这么完美地计划与执行，却是前无古人的。这只不过是这位精力旺盛、无所畏惧的统帅无数次奇迹中的一次而已。最终，法军全胜，这就是发生在一八零零年六月十四日的著名的"马伦戈战役"。

约翰·福斯特说："有一点是很让人深思的，即当一个人有着一颗坚定与无畏的心时，他就能为着目标扫除重重障碍，获得宝贵的自由。"不折不挠的意志与难以撼动的理想总能找到实现的方式，即便没有，也能创造出一个来。

但是，我们却不能期望用一颗顽固的心去战胜不为意志转移的事实定局。意志的能量是通向成功所必需的，其他的力量也同样重要。我们的意志品质越强韧，我们就越能取得圆满的成功。但是，意志必须要经过慎重的淬炼，以知识与常识为依托。否则，我们只能南辕北辙，永远到达不了目标。我们只是有能力去设想，在自己的能力范围或是承受的坚忍度之内，能够做什么。有时候，一些障碍总是横亘在我们前进的道路上，但是，我们却可以希望或是尝试一些其他的道路，说不定就能绕过去。那时，我们就会发现原来所谓的障碍也不是难以逾越的。一颗强大的心，在不断追逐着自己有可能实现的东西时，将逐渐地接近自己的理想。神经强韧、明智与坚持之人定能在世间事物的法则之内找到或是创造出自己的道路。

"成功做过的，还可以再次复制。"一位原本出身低微的男孩这样说。他后来成为了比肯菲尔德公爵，当上了英国的首相。"我不是一个奴隶，也不是一名俘虏。我完全可以凭借自己的能力去克服前进中的困难。"他的血管里流淌着犹太血统，对于自己民族的历史更是了如指掌。他时常深情回望那段犹太人成为耶和华选择的子民，约瑟夫与丹尼尔在异国出人头地的漫长历史，即犹太民族遭受长达数世纪的流亡迫害史。墨尔本公爵曾问这位相貌英俊、无畏的少年将来要做什么。比肯菲尔德说："英国首相。"在英国下院遭受到议员们的讥笑、嘘声与挖苦之后，他冷静地说，他们迟早会静下来听我说话的。三次议会选举的失利并没有让他心灰意冷。他从低层阶级奋起，到达中产阶级，然后再爬到上层阶级。他在最高的政治与社交圈子里镇定自若，最后成为了这个党的领袖，尽管其中许多人对他的种族怀着深深的偏见，对于他这种凭借自我奋斗上来的"插足者"心怀厌恶。

德斯莱利身上所散发出的英雄气质，可从本·琼森所著的戏剧中的一个角色的形象中找到答案。"当我一旦将一件事情幽默化，那件事情就仿佛变成了裁缝手中的一根针，轻而易举地穿过针孔。"

巴尔扎克①的父亲想让儿子放弃对文学梦想的追逐，他说："儿子，你知道吗？在文学领域，一个人要么是国王，要么就是一个乞丐。""是的。"年轻的巴尔扎克回答说，"但我将成为一个国王。"之后，父母对他不闻不问，在接下来的十年间，他不时要与挫折与贫穷作斗争，但最终赢得了伟大的胜利。

本杰明·富兰克林②的这种对目标的坚持超乎人们的想象。当他在费城开始印刷工作的时候，每天都要推着独轮手推车穿过大街小巷去卖报纸。他租了一间房子作为办公场所，其实，这也是他工作与睡觉的地方。他找到了该城市里一个强大的对手，并邀请他到自己的工作场所参观。富兰克林指着自己晚餐留在餐桌上吃剩的面包说："除非你生活的成本比我更低，否则，你是不可能饿着我的。"

---

① 巴尔扎克（Balzac，1799-1850），法国19世纪伟大的批判现实主义作家，欧洲批判现实主义文学的奠基人和杰出代表，代表作《人间喜剧》。

② 本杰明·富兰克林（Benjamin Franklin，1706-1790），美国著名科学家和发明家，著名的政治家、外交家、哲学家、文学家。

勇敢的心

YongGanDeXin

天文学家开普勒，现在这个名字大家都不会陌生。但是，他生前却过着惨淡的日子，只能靠占星术来维持生计。有时甚至还要昧着良心说，占星术名义上虽为"天文学之女"，实为"天文学之母"。为了生存，他必须要从事各种工作，他愿意为任何给他支付薪水的人工作。但即便是在这么困窘的生活条件下，他依然有着强大的意志力并不断前进。汉弗莱·大卫没有接受科学知识教育的机会，但却有一股勇往直前的决心。在药店里当学徒期间，他制造出了平底锅、水壶与瓶子，大获成功。

一位来自乡村的少年去拜访时任阿斯莫尔大学校长的西蒙森主教。小伙子一身简朴的装束让主教不禁问他生活上依靠谁的帮助。小伙子回答说："先生，只是我的双手而已。"这位少年后来成为了美国的国会议员。

当路易莎·阿尔科特①　第一次梦想着要实现自己的梦想时，她的父亲递给她一份被《大西洋月刊》的主编詹姆斯·菲尔德退还的手稿，上面还附着这样的留言："回去告诉路易莎还是继续自己的教书生涯吧，她不可能成为一名作家的。"

"告诉他，我能够成为一名出色的作家。总有一天，我的稿子会发表在《大西洋月刊》上的。"是的，这一天终于来到

---

① 路易莎·阿尔科特（Louisa M.Alcott，1832-1888），美国小说家。

了，路易莎的稿子最终被该杂志所接纳。她靠着自己的笔杆赚到了二十万美金的收入。她曾在日记中这样写道："二十年前，我努力要维持家人的基本生活。现在我四十岁了，这个任务已经实现了。我的所有债务都已还清，甚至一些久拖不还的，都一概还清了。现在我的生活很舒适。也许，在这个过程中，我的健康在一定程度上受到了损耗。"

当道格拉斯·杰罗尔德[1] 被医生告知自己将不久于人世时，他大声地说："什么？要我丢下家里那一群可怜的孩子？不，我绝不能死。"他实现了自己的诺言，接着又好好地活了很多年。

爱默生说："我们在前行的过程中，心怀感念，相信自己与命运之神有着一种坚韧的联系，在我们危急的时候，他绝不会视而不见。可能是一本书，一尊半身雕像，抑或只是一个人的名字都足以擦着大脑的火花，让我们突然间相信上天的意志。要是没有勇气，就不可能存在任何个人的英勇或是杰出的表现。"

年轻人在踏上生活之旅时，要下定决心，要睁大双眼，凡事多留意，不要让任何有益于自身成长的东西从眼前溜过；让双耳倾听引领我们前进的每一种声音；伸出双手，抓住每个机会，时刻留心让自己成长的机遇，将生活的每一次感受描绘

---

[1] 道格拉斯·杰罗尔德（Douglas Jerrold, 1803-1857），英国戏剧家、小说家。

成一幅绚丽的生活画卷；放飞心灵，感受每一次精彩与感动的瞬间；要有坚定的心，排除万难，杀出一条血路，永不倦怠，永不与失败为伍，而是要一直往前走，克服环境的掣肘，超脱出来，采撷理想的果实。若是这样做的话，必将取得成功。这是毋庸置疑的。

在逆境中奋起，虽历经磨炼，却无怨无悔，这是历史上成大事者必然要付出的代价。无论是男孩还是女孩，要想在未来有所成就必须从一开始就为生活做好准备，勇敢地与人生各种阻滞自身前进的困难作斗争。年轻的男女在步入社会时，就应该认识到，生活的挫折不仅是难以避免的，也是他们走向辉煌的成功所必不可少的。最终，他们取得的成就会让所有的代价都物有所值。

耐心，坚忍，无畏的勇气，忠于崇高的理想与生活的最终目标，这些都是对富有理想的善男信女的一个要求，也是通往最伟大成就的阶梯。

钱宁说，任何境遇，都会有我们想努力回避的艰难、痛苦。我们希望凡事能一帆风顺，自己的命运之路能无风无雨。但是，上天却注定要让我们每个人历经风雨、苦难甚至是痛楚。问题是我们能否活出自己的人生，是否拥有一颗强大的心灵，这取决于我们在面对逆境时的自我把握。外在的磨炼锤炼我们的激情，让各种机能与自身的美德得到锻炼，有时，甚至会焕发出新的能量。挫折是人生的一部分，考验着每个人真正的能力。当处于紧迫的关头，人事的阻滞，时局的变化，或是各种让人头痛的事情骤然而至，不要垂头丧气，而要从自己内心深处找寻力量，让我们的人生目标更加明晰，重新焕发出勇气。没有比这更能淬炼一个人的自我修养了。

所谓勇气，就像一块磨石对一把斧头说的："你很坚硬，是吧？但我比你更加坚硬，更加顽固。我会用自己的真材实料把你一点点消耗掉。"加里森在《解放者》中写道："我是认真的，绝不含糊，也不会为自己找任何借口。我不会后退一步。"

"我终于回到这里了！"一个神色坚定的男人在进门时，对着杜马斯将军大声喊道。此时，杜马斯将军正在德国境内尼曼河的一位法国内科医生的家里坐着，时间是一八一二年十二月十三日。杜马斯以疑惑的眼神仔细端详着这位陌生来者。来者裹着一件很大的披风，头发与胡须都很长，给人很蓬乱的感觉，头发沾有火药的味道，脸色苍白，身材瘦削，身上残留着黑色的粉末。但是，他的眼睛却闪烁着坚定的目光，整个人的行为举止显示出——这是一个铁腕之人。

"什么？杜马斯将军！"来者惊呼道，"你竟然认不出我来了？"

"是的。"杜马斯回答说，"你到底是谁？"

"我是帝国军队殿后军的奈伊元帅啊！"

杜马斯将军再一次很认真地观察着。最终，他自言自语地说："是的，这的确是奈伊啊！"

在当天的早晨，拿破仑残余的帝国军队，人数大约为三万人左右，从俄国境内败退，越过了尼曼河。负责断后的奈伊清点着人数，只有少得可怜的三百人！但是士兵们仍然高昂着头颅。奈伊从俄军四路各五千兵力的围剿中突围而出，沿途还将七百名新兵招入部队。为了保证大部队能顺利渡过大桥，他的残余部队抵抗着数以千计的俄军，直到他的部队人数不断缩减，最后只剩下三十个士兵了。他们一直坚持着，直到大部队全部跨过大桥。士兵们迅速地走过大桥，但是奈伊却冷静地背着走，向俄军打完了枪中的最后一发子弹，然后才将枪扔进河里，离开了这片敌人的土地。难怪这样的一个人会被称为"勇敢之王"。

在一七九三年的土伦战役中，拿破仑想找一个会写报告的人听写自己的命令。一个士兵勇敢地站出来，在一面临时搭建的低矮防护墙上写着。当他写完第一页的时候，英军的加农炮炮弹落在他们附近，溅起的泥土泼洒在纸上。士兵大声说："多谢。但是这一页不再需要沙子了。"

拿破仑说："年轻人，我能为你做些什么呢？"

"所有事情。"他摸着自己的左肩膀说，"你可以将这里的毛绒变成一个肩章。"

几天后，拿破仑想派遣一个人去侦察敌军的战壕。他让这个士兵在一番伪装之后去执行这个任务，因为这是风险极高的。

这个士兵说："不！你以为我是卧底吗？我会穿着这身军服去，尽管我可能有去无回。"

最终，他毫发无伤地回来了。拿破仑马上提拔了他，他就是后来的朱诺特元帅。

在约翰·沃尔特管理下的伦敦《泰晤士报》是一份不起眼的报纸，而且面临着持续的亏损。他的儿子小约翰此时二十七岁，他央求父亲让他负责全面的管理。思量再三之后，老约翰终于同意了。这位年轻的记者开始了重整报业的工作，到处挖掘新的报业理念。之前，这份报纸曾尝试过要引领公众舆论，但却没有自身的一些个性鲜明的特点。这位年轻的主编大刀阔斧地攻击社会上的一些错误行为，甚至当他觉得政府存在腐败时，也不留情面地攻击。因此，一些政府机构的赞助、出版社或是广告商都撤出了该份报纸。他的父亲感到十分绝望，他肯定自己的儿子将要亲手毁掉这份报纸。但任何的抱怨都不能让小约翰改变自己要打造一份具有影响力的报纸—— 一份具有自身鲜明色彩与独立观点的报纸的梦想。不多久，公众们就发现，在《泰晤士报》背后潜藏着一股新生的力量，报纸里的内容都是一些具有深度的报道。这份原先被人瞧不起的报纸被注入了一种新的血液与新的思想。小约翰凭借自己的聪明才智以及对目标坚忍不拔的追求走在了时代的前列——他开创了前人所没有尝试过的方式。小约翰在报纸上引入了一些外国的通讯报道。而这些报道通常在《泰晤士报》上刊登数天之后，政府的喉舌才予以报道。该报还引入了"头版头条"概念。但是，这位不断追求新闻自由的年轻人却惹怒了政府。政府禁止该报在国外设置通讯点，只允许一些支持政府的记者继续从事新闻活动。但是，政府的这些举措并不能阻挡这个勇敢无畏的年轻人。他斥巨资聘请一些特别的通讯员进行报道。在前进道路上遇到的每个困难以及政府的阻挠只能更加坚定他取胜的信念。勇敢进取，坚忍不拔，这些都是《泰晤士报》成功的重要原因。任何力量都不能阻碍其追求新闻的独立与自由。

爱默生说："肤浅之人只是一味地依赖于运气与环境。这种所谓的运气可能降落在别人头上，也可能偶然落在自己头上，总之这是虚无缥缈的。而强人则相信因果之间的联系。所有成功之人都会认可一点，即他们是因果律的相信者。他们相信任何成就都绝非是运气所致，而是都要遵循一定的法则。在首尾相连的链条中，容不得脆弱的一环。"

生活的奖赏应由无所不知的上帝来做一个公平的赏赐。因为，只有他知道我们所有人的缺点与软弱之处，知道我们走了多远，背负多少重量，历经多少磨难。但是，上帝衡量我们的法则是这样的：不是看谁走的路长，而是看我们在一路上克服了多少障碍。一个穷苦之人在默默地努力着，抵抗着各种诱惑；贫穷的女人在静默的心中将自己的悲伤掩埋掉，用手中的针线一针一针地摆脱生活的困窘。而那些默默地忍受着生活的苦楚、不被世人认可甚至是遭到鄙视的人，最终却有可能获得最大的奖赏。

关键时刻的勇气
GUANJIANSHIKEDEYONGQI

第十六章

我们跌倒了！

但是在关键的时刻，请牢牢抓住勇气。

那么，我们就绝不会失败。

——莎士比亚

坚忍与圆滑是所有有志不断攀登的人都必须具备的两种最宝贵特质，特别是对那些想从芸芸众生中脱颖而出的人而言。

——德斯莱利

卡莱尔说："坚忍，是维系所有美德的关键。俯瞰大千世界，纷纷扰扰，那些在事业上遭受惨败之后，接着自暴自弃，给自己人生抹上难以消去的污点的人，十有八九都不是由于他们自身才智的原因，或是缺乏发掘自身潜能的欲望，而是因为他们总是犹豫不决，以一种散乱的方式，不断转变自身的目标。他们在每次失意之后都逐渐疏远原先的理想，将原先应该专注于解决一个障碍的能量，泛泛地用到一系列人类力量所不及的问题上。地球上哪怕是最小的溪流，只要长年累月不断地流淌，也会在山谷下廓出一条蜿蜒的河道。而最狂野的风暴在横扫几个村落，拔起一些树木并折断枝叶之后，在很短的时间内，却不见踪影了。因此，赐予我坚忍的美德吧！若是缺失了这种美德，其他的一切亦不过是一块假金子。即使它在你的钱袋里闪闪发光，但一旦拿到市场上，则会被证明只是一块板岩或是煤渣而已。"

人，可以被打败，但不能被毁灭。我们要追求胜利，但不能虚荣成瘾。要努力地去争取生活的奖章，要么以自己诚实的努力去获得，要么就大度地失去。充分发掘自己的潜能，但是绝不要乘人之危或是做一些有违道义之事。这样，我们才是将人生的命运牢牢掌握在自己手中的英雄。

当拿破仑从莫斯科狼狈地撤退到克拉斯诺这个地方时，他的军队只剩下九千多士兵，其中很多人都处于半饥饿状态，筋疲力尽，还有一些士兵失去了双臂。而在他们后面的则是由库图索夫统领的八千多装备齐整的俄军，在一直穷追不舍着。只要撤军时间稍微延迟，就会让俄军抢先一步攻占大桥，形成前后夹攻之势，这样撤退就变得不可能了。但是，奈伊将军与路易斯·尼古拉斯·达武元帅仍在后方阻挡着俄军的推进，已经好几天都没有他们的消息了。要是回去援助他们的话，必然会落得个全军覆没的下场。但是，拿破仑绝不是在危难关头丢下自己忠诚部下的统帅，他果断地命令部队掉头。

"立即出发。"拿破仑对拉普将军命令道，他的眼神直盯着对面占尽地形优势的俄军，"在夜晚黑暗的时候，用小刀去袭击他们，让他们感受一下我们无畏的勇气。我要他们为自己的行为感到后悔，看他们还敢不敢接近我们的大营。"

但在思考了一下后，他叫来拉普将军，说："你还是不要去了，让罗格特和他的分队去吧。我不想看到你去送死。到了丹席克，我还有重要任务交给你。"

战斗是惨烈的，直到翌日凌晨两点才结束。此时，达武元帅出现了，但是，奈伊依然杳无音讯。大军开始冒着风雪前进，最终在第聂伯河有了奈伊的消息，有一支五千人的军队回来营救他。

拉普将军说："当我传递拿破仑要求罗格特返回营救达武元帅与奈伊将军的命令时，我的内心真的难以置信。拿破仑当时被八千多敌军包围，第二天正欲以九千人的残余部队反击。此时，他把自己的安危置之度外，正如当他被两股敌人包围在丹席克这个城市的时候，他忍受着冬天带来的饥饿，而援军仍在五百多里之外，但他仍是那么镇定与无畏。

但正是这种冷静、自信、细致与富于远见的计划，加上泰山崩于前而面不改色的勇气以及一往无前的坚忍，最终让拿破仑得以带着残余部队撤出俄国。在越过了俄国国境后，他践行了自己的诺言，让拉普担任重要的职务。

我们要明智地采纳建议，然后下定决心，最后再以难以动摇的坚持去实现目标。不要让仅能使胆怯者止步的小小挫折影响自己——这样，方能追求卓越。

若一个年轻人没有坚持的品格，在障碍面前踟蹰不前，没有让困难向理想屈服的勇气，消除眼前的阻滞，那么，他最多只能得过且过。这样的人可能具有很多优秀的禀赋，他可能天资聪颖、勤勉与谦逊，但若是缺失了坚持，缺乏一种"不成功，便成仁"的决心的话，那么，他的人生就缺乏了一个稳固的基础。

也许，坚持与永不放弃的特质能让年轻人不断成长，以获得一定的声誉。这种声誉在所有民族中都是一份赞许。相比起心智脆弱之人继承的财富，这种声誉要更为宝贵。

只要我们能在自己所从事的工作中看到一种永恒，不管别人怎么看怎么说，我们都拥有着一种毅力与坚定的目标，不管成或败，我们都要一往无前，这样的人是整个世界所急需的。真正考验一个人的，是我们能否有始有终地完成一件事情。正是那些有决心始终坚持、从不放弃对工作的执著的人，最终能享受到甜美的果实。

"他能够坚持下去吗？能够不顾一切勇往直前吗？当别人放弃的时候，他是否仍在坚忍着？不论历经风雨、浮沉，或是同路人基本已经放手了，他能够依然继续吗？当别人脆弱的时候，他能否依然坚强？"若是年轻人能对这些问题有一个响亮的肯定回答，他终将会发现一条适合自己的道路。不管多少人失败了，他终究会成功的。

一个伦敦小伙子为了找一份工作，决心跑遍所有的办公机构，不管路程多么遥远。在坚持一段时间之后，他的遭遇足以让大部分年轻人沮丧不已。他来到了一间企业，那里的人告诉他这里不招像他这样毫无经验的"小孩"，叫他不要费力了。但是，这间企业的负责人是一位老绅士。当小伙子告诉他自己已经跑遍了几乎所有的办公机构，若是还找不到的话，他仍将继续下去，直到找到为止。绅士有感于小伙子的毅力，他让小伙子回家，用最漂亮的字迹写一封信，看看能不能帮助他。许多年轻人由于书写潦草或是书写不工整的商业信函而失去工作的机会。但是，这位坚持的小伙子在信中的字迹是工整的，让人感到满意，因此，他获得了一个工作的机会。他证明了自己是一位富有才干的人，从此，他一直在这家企业里工作。

人生的赛跑胜者并不总是脚步快的人。坚持不懈的乌龟可能最终战胜自满的兔子。据说，当人类毫不在意地踩在蚂蚁的巢穴上时，蚂蚁总是不厌其烦地修复着。蜘蛛一生殚精竭虑，在临死之前一定要编织好一张网。蜜蜂不会被自己采蜜的多少所迷惑，在夏天鲜花盛开的季节，它仍旧终日勤勉地劳作着；如果近处的鲜花"吝啬"的话，这个小小的"勤劳者"就会飞到更远的地方去，兢兢业业地采取着蜂蜜。从这些小的生物身上，我们可以学到许多人生的教义。它们身形极小，智慧却极高。

鞑靼人蒂莫尔在敌军的进攻下，溃不成军，躲在一座陈旧的废建筑里。当惊心动魄的心跳平复过来后，他找到了一种摆脱烦恼的方式，即仔细观察一只小蚂蚁的举动。这只小蚂蚁背负着一粒体积比自己大几倍的稻谷，仿佛背着一堵巨墙。这只小蚂蚁不时要放下这颗稻谷，歇一下。但是，在它将要到达终点时，稻谷掉到了地下。这样的情况出现了六十九次，但是蚂蚁还要继续尝试第七十次，直到最后成功。蒂莫尔永远难以忘怀这个小生命教给他的坚忍与勇气。

坚忍所带来的一系列传奇是历史上最让人着迷的主题。历史上许多故事都讲述着一个能力虽平平，但却具有百折不挠毅力的人是如何取得成功的奇迹，就好像读了一遍《一千零一

217

夜》一样。对目标坚定不移,是所有在世上留下烙印的伟人所必备的素质。

有人曾这样做个了形象的比喻:坚忍,就好比是政治家的大脑,武士手中的利剑,发明家的奥秘与学者们的"芝麻开门"。

惠普尔说:"坚持不懈这种素质,将一流的天才从芸芸众生中分离出来。"坚忍之于天赋,就好比蒸汽之于引擎。正是这种动力让机器顺利完成其本应执行的任务。即便能力平平,若能坚持不懈,也比能力出众但三天打鱼两天晒网的人走得更远。

许多天才的发展过程是缓慢的。橡树生长一千年之后,也不能绽放出芦苇那样的美丽。生长在美洲的芦荟也是这样,好几年了都好像没有一丝动静。但是,当时机成熟了,这些植物就会在高高的枝丫上"喷射"出数不清的花朵。世人往往到了此时,才能真正学会欣赏它们所具有的美丽,给予它们应有的尊重。

悉尼·史密夫说:"一般而言,真正伟大之人的生活都是一部持续努力奋斗的赞歌。他们在人生的早年都曾活在贫穷所带来的困境中——被一些软弱的人忽视、误解甚至指责——当别人呼呼大睡的时候,他在思考着;当别人喧闹时,他则在静静地阅读。他们内心深处有一股声音,即不能与这些社会的庸碌之人混在一起。当时机一到,他们就会迈出人生的第一步,仿佛瞬间成为公共生活中一颗闪耀的明星,但是这背后有多少时日的艰辛、劳作与心灵的挣扎，就不得而知了。"

毛奇，也许是有史以来最为伟大的策略家，直到他六十六岁时仍一直坚持奋斗，直到属于自己的机遇真正降临。

坚忍也是军事英雄所具有的特质。在格兰特年仅十六岁时，就深谙后退没有出路这一点。无论他做什么事情，都要坚持到最后。所以，当他说"我能做到"时，他必定能做到。有一个关于林肯与一名军官的故事。在林肯遇刺十天前的晚上，在戏院里，他表现出了对这位要求敌军"无条件投降"的将军的赞美。林肯说："我要告诉你一个格兰特与骡子的故事。当格兰特还只是个小伙子时，一次，马戏团来到了他所居住的城镇。他跑到制革工人那里，向他索要一张门票。但是这位不通情理的工人拒绝了他。所以，格兰特做了他最擅长的事情（这其实也是我最擅长的）。那就是偷偷地溜进了帐篷之内。马戏团团长有一只丑陋的骡子，没人能够驾驭。团长悬赏一美元给那个能驾驭骡子而不被抛开的人。许多年轻人都尝试过了，但是都失败了。最后，年轻的格兰特从后面站了出来，对团长说：'我要尝试一下。''好的。'团长一口答应。格兰特抓住绳子骑着，但最后还是被甩出去了。他站起来，脱掉自己的外套，大声说：'让我再试一次。'这次，他将自己的身体紧紧地贴在骡子的头上，使出全身的力气抓住它的尾巴，不管骡子怎么跳动，格兰特始终坚持着，最后他赢得了奖赏。"林肯接着说："在里士满，格兰特也会这样做。他会一直坚持的，永不放弃，直到取得胜利为止。"

在内战中诸如格兰特与杰克逊这样"石墙般"的人，就像之前的拿破仑一样，从来不会让自己被打败。敌人的刺刀、子弹、炮弹、鱼雷、地雷甚至失败本身都不能阻挡他们前进的脚步。他们是永不放弃的人——他们本身就是由坚不可摧的物质构成的。

即便是要从危险重重的山峰上采摘坚固的王冠，

每一个行动仍具有一种神性，让我们获得成功。

拿破仑曾说，他所赞赏的英勇是"凌晨两点钟的勇气"。无疑，这种素质对于一位成就伟业的帝王而言是必需的。但若是拿破仑没有如一位现代作家称之为"下午五点钟的勇气"的素质的话，人们也不禁要怀疑他能否还会享有如此高的历史地位。该作家说："在一天漫长的工作之后，我们的神经已经很疲惫了，耐心也几乎被消磨光了。此时，要想继续保持对目标的专注，让自己的精神状态维持在一定的水准，保证在一天工作行将结束的时候不会草草了事，这是需要一个极高层次的能量与坚持的。我看到过许多原本应该把握住的机遇，就是因为缺乏'下午五点钟的勇气'而从手中溜走。若是公布国会委员会的一些谈判秘密的话，我们就会发现许多政策之所以失败，完全是因为坚持者在最后一刻软化了立场，妥协了。若是他们能够继续坚持一下的话，就可能成功地完成。"法国人常说，万事开头难，但善终才是最重要的。耶稣的使徒保罗对以弗所的基督徒说："凡事要善始善终，切莫半途而废。"他是深谙其中深意的。

完美展现出"下午五点钟的勇气"的人非利文斯通莫属。二十七次身染高烧，无数次遭受野蛮人的袭击，只身一人在茫茫的丛林中穿梭，曾无数次让这位英勇的旅行者接近死亡的边缘。但是，所有这些都不能让他稍微动摇那坚定的意志。当随从人员拒绝继续与他前行，并威胁让他一人留在沙漠中时，他说："在劝说无效之后，我宣布，若是他们返程的话，我会只身继续走下去。我回到小帐篷里，将我的心交给上帝，让他倾听我的叹息。马上，似乎有一个人进入我的心灵，对我说：'不要沮丧，不要理会别人尖酸的话语。无论你走到哪里，我们都会跟随着你，绝不将你抛弃。'"

乔治·史蒂文森并不是铁轨的发明者，也不是最先想出通过装载水与燃料在蒸汽机中使火车在铁轨上奔驰的人。特里维斯克先前发明的引擎具有后来史蒂文森动力火车头的主要技术特点。为什么我们会将史蒂文森称为现代动力火车的发明者，而不是特里维斯克呢？难道两人之间的差别不正是在于是否具备"下午五点钟的勇气"吗？特里维斯克后来感到沮丧，于是就放弃了原来的实验。而史蒂文森在仔细的研究之后，发现了前人的不足，在对细节无数次认真细致的比较后，终于找到了修补缺陷的途径。要是换成一个没有恒心的人，早就放弃了。最终，在一八一五年，他制造出一台名叫"噗噗的比利"的引擎，被证明是实用而且经济的。但是，在完全征服困难之前，他依然锲而不舍。他是有史以来第一位对火车旅游这种全新方式抱有信念的人。尽管接下来又遇到了数不清的挫折，但他无所畏惧，终于在一八三零年制造出"火箭"号火车头。最终，史蒂文森实现了自己的人生理想。

休·米勒[1] 说："我所唯一看重的优点，就是一种耐心的研究——可能很多人在这方面都可以与我相当甚至超过我。但是若这种看似不起眼的耐心得到正确的引导，将可能比天赋本身收获更大的成就。"

"当我们认真坚持工作时，"歌德说，"需要不断努力才行，这样才能超越那些借助风势与潮汐前行的人。"那些只是凭借大风与潮浪的帮助，而没有一种不断坚持的品质的人，是难成大器的。锲而不舍甚至是固执，可以说是在任何工作、行业里取得成功所必需的素质。这种素质之于各行各业，就好比串联起珍珠的线，将一颗颗珠宝连接在一起，形成一串美丽闪耀的项链。

戈德史密斯[2] 每天都要认真地想几行句子，从不间断。他花了七年的时间终于完成了《被遗弃的村落》一书。他说："长期养成的写作习惯，让人达到一种思想的高度和获得一种娴熟的表达方式。这是那些极具天才的休闲作家难以做到的。"

"我在练习简短的表述方法上耗费了多少心血啊！我不断

---

[1] 休·米勒（Hugh Miller，1802-1856），苏格兰地理学家、小说家。

[2] 戈德史密斯（Oliver Goldsmith，1730-1774），爱尔兰诗人、医生。

地改进都系于此。"狄更斯说,"我所写出的文章都是经过我深思熟虑与不断修改所得来的。我知道这是我性格的优点之一。当我回首自己的创作生涯时,觉得自己找到了成功的源泉。"

《红字》堪称美国文学史上最优秀的一部小说。但这部小说的创作过程却经历了难以想象的艰苦与挫折,若是作者没有一颗像霍桑[①]那样的心灵,肯定已经放弃了。战胜挫折,迎难而上,这就是霍桑努力的真实写照。在准备创作这部杰出的小说时,他用自己的笔在笔记本上记录下了许许多多看似毫无价值的琐事。在长达二十年的时间里,他默默无闻地工作着,不被世人所认识。但是,他不断对自己说:"我的好运会来到的。"他最终等到了自己的好运。

布尔沃[②]是如此"明目张胆"地与命运之神作斗争,改变自身命运的车轮!他的第一部小说很糟糕,早期的诗歌也不被人欣赏。他那充满青春气息的演说也招来了许多反对者的讥讽。但是,他不惧怕失败与嘲笑,走自己的路,直到成功为止。

谢尔登[③]的《丑闻学校》一书中对人物性格的描写被认为是天才的杰作。其实,这本书是经过作者不断修改与重塑的产

---

① 霍桑(Nathaniel Hawthorne,1804-1864),美国小说家,代表作《红字》。

② 布尔沃(Edward George Earle Lytton Bulwer,1803-1873),英国政治家、诗人、戏剧作家。

③ 谢尔登(Sheridan,1751-1816),爱尔兰戏剧家、诗人。

物。出自彼特爵士与特勒女士口中的许多演说其实都是在他们演说稿的基础上不断修改与整理得来的，直到与原稿好像没有任何关联。奥利佛·温德尔·霍尔姆斯总是不断地修改完善自己的诗句，朗费罗在创作诗歌时字斟句酌，小心翼翼，然后才慢慢地写下来。他曾将字迹工整的手稿寄给印刷商，上面没有一丝修改的痕迹。但在这份手稿中几乎没有包含多少原稿的内容。爱默生总是极为谨慎地修改着自己所写的文章。他在写作前已经做足了功课，然后静静地思考，绞尽脑汁。他的一些看似是灵感之作的句子，其实都是在不断坚持的努力下重写所得的，并不时认真地加以修改，将一些新内容加进去。他在修改时是毫不留情的，他保存下的手稿上充斥着修改的痕迹，几乎每一页上都有他辛勤改正的印记。一位为他书写自传的作者告诉我们："他好像是在不断地筛选着苹果，只有最珍奇与最完美的，才会被保存下来。他不管那些被他扔掉的苹果其实已经很不错了。他觉得，只有这样才能真正让果园更加错落有致，因此，做出一些大胆的牺牲是必需的。他在写文章时是很慢的，通常要花费几个月的时间去思考，甚至要付出几年时间的坚忍劳作。"

阿里奥托多[①] 曾写了十六个版本的《一场暴风雨的描述》。他花了十年时间创作剧本《奥兰多·富里索》，每本的价格仅为十五美分，而且只卖出了一百本。伯克的《给高贵的公爵的

---

① 阿里奥托多（Ariosto，1474-1553），意大利诗人、戏剧家。

一封信》(我认为这是文学中的一朵奇葩)的样稿在交给出版商时已经被修改得面目全非了。出版商拒绝这样出版。最终，他将这本书做了一次全面的整理。亚当·特克耗时十八年完成了《自然之光》的写作。一位自然学者花了八年时间在《蜉蝣的解剖》上。梭罗的新英格兰田园诗歌《康科德与梅里麦克河边的一周》，被证明失败得一塌糊涂。在出售的一千本中有多达七百本被迫退回给出版商。梭罗在日记中这样写道："在我自己的图书馆中，有七百本都是我自己所写的。"但是这些挫折并没有使他动摇，他仍像以往那样写作。

雷诺斯说："任何人若想在绘画或是其他艺术领域中脱颖而出，就必须从早晨起来的那一刻到睡觉的那一刻都要将心思放在自己的作品上。乔舒亚在被问到创作一幅画作需要多长时间时，他说：'一辈子。'"

基恩一直热心于自身的工作，最终在他那个时代留下了自己的印记。他身形瘦削，脸色有点黑，天生一副尖嗓子。但在年轻时，他就下定决心要去演马辛杰戏剧中的贾尔斯·欧佛里奇一角，在这之前没有人扮演过。面临的任何困难都不能阻挡他对理想的执著追求。他不断地训练着自己，为成功地扮演这个角色做准备。当他演完了，整个伦敦都被他的演出征服了。

著名演员萨森自称在其早期的戏剧演出时，常常为自己的无能感到自卑。法国最为著名的演员塔尔玛在自己首秀时曾遭到过观众的嘘声。

这个时代享有盛名的牧师拉科代尔是在屡经失败之后，才逐渐成名的。据蒙塔伯勒说，拉科代尔是在圣·罗奇教堂开始自己第一次的公众布道的，但这是一次彻彻底底的失败。在场的每个人在走出教堂时都异口同声地说："虽然他是一个很有才华的人，但是永远也做不了一名牧师。"拉科代尔不断地尝试着，直到成功。在他首次布道两年后，他就在巴黎圣母院里布道，成为继波斯维特与马西隆之后法国极少数能在巴黎圣母院布道的牧师。

查尔斯·詹姆斯·福克斯说："一个年轻人在第一次演说时就获得了成功，这的确很不错。他可能继续前进，也可能沾沾自喜。但是，我更想看到一个一开始失败的年轻人，仍然鼓起勇气不断前进。我打赌，这位屡败屡战的年轻人要比那些一开始就取得成功的人走得更远。"

当谢里登在国会的首次演说反应平平，有人说他永远也成为不了演说家时，他大声对自己说："这一切都取决于我。我要让这个梦想成为现实。"后来，他成为那个时代最著名的演说家。

皮尔斯年轻时在酒吧里首次演出，失败得一塌糊涂。虽然深感愧疚，但是他并没有沮丧。他说，自己还要继续尝试九百九十九次，如果继续失败，那么，就尝试第一千次。他的这个例子，只不过再次说明了逆境具有"增益其所不能"的能量。

某天，一位纽约富有的商人接受《帕克》杂志采访时说道：“偶尔给小伙子们一些鼓励，这对他们是很有益处的。我将自己的成功归结于小时候我遇到的一位脾气暴躁的老农民。那时，我正在努力尝试劈开纹理不规则的山胡桃木，因为我们的木材是堆放在路旁的，所以，我努力的样子引起了一位农民的注意。他叫一些人停下来看着我。我真有点受宠若惊的感觉，因为他是镇上出了名的高傲与脾气不好的人，对一些小伙子从来都是不理不睬的。除了当他果园的苹果成熟后，他拿着猎枪守卫这些成果时，才会睁大双眼注视这些小孩子。所以，我用尽全身的力气，手上都磨起了水泡。但是，该死的木头就是不裂开。我讨厌被打败的感觉，但又感到无能为力，也没人能够帮助我。这位农民似乎注意到了我的懊丧之情。”

“哈哈！我想你肯定会就此不干了。”他笑着低声说。

“这些话语正是我所需要的。我没有回答，但是我却感觉到要想劈开这块木材的话，斧头必须要沿着一定的纹路。当我沿着木材上的纹路砍过去时，它们裂开了，发出一阵清脆的噼啪声响。裂口不断扩大，最后被劈成两半。这位等着看好戏的农民悻悻地走了。当我初涉商界之后，也经常会犯一些难以避免的错误。每当我自我怀疑时，我总觉得朋友们就站在周围等着对我说：‘我觉得你应该放弃了。’但是，那位老农民给我上了一堂关于成功的课。所以，你可以看到，有时，一声适时的讥笑要比一桶糖果更有益处呢！”

成功不是以我们取得什么来衡量的，而是以我们所克服的障碍以及在面对难以逾越的挫折时所展现出来的勇气来衡量的。

让我们渡过危机的底气来自于长期努力。科里尔称这种底气对人而言也意味着一种成就——"当你感到自己必须做某件事时，尽力做到最好。否则，你将失去自身一些可贵的东西。我们要始终保持一种良好的状态，在危机袭来时，做到最好，扭转时运。我们要有足够的坚忍去承受长时间的斗争，因为你从来就不会被打败。"对那些毫无底气的人而言，每一次失败都是致命的。正是这种坚持的能量让我们紧紧地抓住自己的目标。

当你觉得自己处于正确的轨道时，绝不要让任何失败模糊你的视线或是让你踟蹰不前，因为你永远也不知道自己离成功是多么近！人生中最为危险的时刻，就是当我们感觉要放弃的时候。失去勇气之人，就失去了一切。不论我们出身多么低微，所处环境多么恶劣，如何被朋友们遗弃或是被世人所遗忘，只要我们还一丝尚存，就要守住自己的阵地，抬起自己的头颅，靠着自己的双手，以征服一切的意志去实现自己的心中所想。剩下的一切就顺其自然了。外物是不能让人消沉的，只有自身才是自我成功或失败的主宰者。

科尔顿① 说，在沮丧的时刻，即便是莎士比亚也会觉得自己是否配得上诗人的称号，拉斐尔也疑惑为什么世人称他为画家。但即使如此，莎翁依然写作，拉斐尔② 依然绘画。他们觉

---

① 科尔顿（Colton，1780-1832），英国教士、作家。

② 拉斐尔（Raphael，1483-1520），意大利文艺复兴时期杰出的画家。

得自己肩上的使命沉重，绝不能在成就伟业的路途上因一些难以避免的挫折而放弃理想。惠普勒说："所谓天才，就是不断地战胜单调沉闷，拒绝向疲惫投降，即使希望之光微曦，也要不断追寻。"

哥伦布在其史诗般的航行中，每天坚持写日记。日记上面都是这些简单而坚定的字眼："今天，我们向西航行，这是我们正确的方向。"希望可能时浮时沉，当罗盘出现诡异的变化时，船员们惊恐万分。但哥伦布毫不畏惧，继续沿着西边方向扬起风帆。

向西航行，如果这是正确方向的话，日夜兼程吧！让时间、勇敢的心成为你的航向图与罗盘吧，引领你搏击海洋、继续前进吧！向西航行，不管是万里无云还是疾风骤雨，不管风霜雨雪，不管船身是否脆弱，不管船员们哗变的情绪，前进吧！在某个你不抱任何期望的日子里，一束远方的光照射过来，也许预示着你千辛万苦找寻的大陆就在前方啦！

谦恭、整洁与心灵阳光
QIANGONG、ZHENGJIEYUXINLINGYANGGUANG

第十七章

　　每种首创事业的成功，最要紧的还是所有当事人的基本训练。

——马明·西比利亚克^①

---

①　马明·西比利亚克（1852-1912），俄国作家。

有一个富于传奇色彩的故事：一位名叫巴塞尔的修道士被教皇驱逐出了教会，不久，他就去世了。他的灵魂由一位天使负责在广袤的空间里找一个适合的地方安放。但是，巴塞尔具有温和的性情与出众的交谈能力，这让他无论到哪里都收获不少朋友。一些受他精神感染的天使都向他学习，甚至许多善良的天使千里迢迢过来与他一起居住。即使将他带到黑暗的地狱里，也难以改变他的这种欢乐的性情。他的这种发自内心的礼貌与心灵的善意让人们难以抵挡，简直将地狱变成了天堂。最后，这位天使将这位修道士带走，称找不到任何适合的地方去惩罚他。他仍然还是原来的巴塞尔。后来，加诸他身上的禁令被废除了，他被派往了天堂，册封为圣徒。

玛丽·利佛莫尔[①] 女士说："毋庸置疑，在我们这个社会

――――――――――

① 玛丽·利佛莫尔（Mary A.Livermore，1820-1905），美国记者、妇女权益倡议者。

里，对年轻男女而言，仅次于高尚品格的一个通行证就是拥有良好的行为举止。那些在与别人交往中总是显得扭扭捏捏或是笨拙乃至不自然的人，既让自己难受，也让别人很不爽。他们所表现出来的尴尬，于人于己都是让人难受的。"其实，羞怯与举止笨拙在很大程度上都由一种强烈的自我意识所致。若是他们能够充分享受生活的乐趣，随心所欲地做一些自己喜欢的事情，那么，这是可以克服的。所谓自我意识，亦不过是一种以自我为中心的表现。这让受此困扰的人觉得，无论自己走到哪里，都是被别人关注的焦点，好像所有的眼睛刷的一下子全盯在自己身上了。每个人都注视着他的每个举动，随时准备着批评他所讲的每句话。不要总想着自己——这是让人摆脱强烈自我意识的一种"以毒攻毒"的方法。真的，有时我们不能那么自负，在脑海中想象一大堆根本不存在的幻想，好像别人都只是在留心自己的行为或是言语。过分敏感于自己的自尊，就容易成为别人讥笑或是嘲笑的受害者。做回自己，善待自己，活得自然一些，这样，你就会举止自然啦。

利·米歇尔·霍奇斯[①] 说："设想当年要是哥伦布像个乡巴佬一样大步跨到费迪南德国王与伊莎贝拉王后面前，满口俚语，举止粗俗，这是难以获得他们俩的关注的，更别提为他提供去探索新世界的金钱了，尽管哥伦布骨子里是那么坚信新大陆的存在！若是拿破仑当年对士兵们粗言相向，毫无礼节可言

---

① 利·米歇尔·霍奇斯（Leigh Mitchell Hodges），查未详。

的话，尽管他具有举世无双的军事才华，那么，在滑铁卢一役之后，他的人生命运转变时，就不会还有那么多追随者了！设想一下，一个性格暴烈与毫无礼貌的华盛顿，是不会被人民委以拯救一个处于危难之中国家命运的使命，且不论他本身具有怎样的才干。历史上大凡成就伟业之人，一般都是那些深刻认识到礼节重要价值的人。当然，也有极少数的人不遵循此原则，但那不足以推翻其正确性。

在过往的历史中，没有哪个时代比现在更加重视良好举止的重要性了。现在，一个人所取得的进步或是成就，在很大程度上取决于个人良好修养所带来的魅力，反过来也让他们显得更具影响力。良好的举止是很容易养成的，但却是金钱买不来的。在很多时候，待人有礼要比武力威胁更能收服人心。

爱德华·埃弗里特[①] 在欧洲学习五年之后，返回哈佛大学当起了教授。学生们对他佩服得五体投地，因为他的举止好像有一种难以言喻的优雅。他之所以这么受学生们的欢迎，源于他所散发出来的让每个人都能感受到的神奇的磁场，没人能具体地描绘出来，但这却是真真实实存在的。

纽约最大的一间银行的总裁在谈到银行经营成功的经验时，将对顾客谦逊有礼放在了第一位。他说："要是让我在二十个不同的国家里发表演说的话，我只愿意谈谈礼节。这

---

① 爱德华·埃弗里特（Edward Everett, 1794-1865），美国政治家、教育家。

就是取得成功的阿拉丁神灯。我并不是在空谈礼节的重要性，因为根据我自身过往五十六年在银行系统内工作的经验，我每天感受最为强烈的，就是谦逊有礼是各行各业取得成功的首要因素。谦逊有礼也是一位笃信基督的绅士与识时务者的一个标志。"

约翰·沃纳梅克[①] 将自己的成功归结于礼节与公正地对待顾客。

帕克 & 蒂尔福德杂货公司，最先是由帕克在纽约一间不起眼的商店基础上逐渐发展起来的。帕克灿烂的笑容与对顾客细心的服务让他备受青睐。他的生意规模在不断扩大。后来，与他一样具有欢快性格的蒂尔福德成为了他的合伙人。他们俩立下了一个规矩，就是绝不留用那些对顾客表现出不耐烦或是对顾客生气的职员。他们要求职员们对待无论是只消费一美元的顾客还是那些出手阔绰的贵妇，都要一视同仁，否则一律炒掉。

当扎卡赖亚·福克斯[②] 在被问到如何积累如此庞大的财富时，这位利物浦著名的大商贾说："我的朋友，若你只有一件商品，只要你为人彬彬有礼，尊重别人，也是不难卖出去的。"

巴黎最大的一家企业，雇佣着数千职员，所有的商品都

---

① 约翰·沃纳梅克（John Wanamaker，1838-1922），美国商人、宗教领袖。

② 扎卡赖亚·福克斯（Zachariah Fox），查未详。

在货架上井然有序地排放着。这么巨型的一间企业是由亚里斯提德斯·布西科与其妻子玛格丽特创建的。这与他们多年以来谦逊有礼的待客之道是分不开的。他们之前开的小店的位置就在今天巨大的波·马尔什雕像的位置。他们对待顾客一如既往地热情与有礼，这逐渐为他们打开了生意的门路。在马尔什这座雕像落成之前，他们已经开了很多连锁店了。

罗伯特·沃特斯说，有次，一位名叫约翰的工人去布兰科那里应聘，但那时职位已满，没有空缺。布兰科对这位工人说："我知道有个地方，你可以找到工作。只需要到这条河对面的五金大街找那位约翰逊先生，告诉他是我叫你来的，他自然会给你一份工作的。"

但是，这位工人双眼直勾勾地看着地面，显得很失望。他犹豫了一下，说："布兰科先生，我非常感谢你的善意。但是，我现在真的没有能力乘车到那里啊！"

布兰科马上明白了他的意思，将手伸进了胸口的袋子，拿出一张车票，递给这位工人，说："约翰，拿着。这张车票会让你在半个小时之内就到达那里。现在就去吧，我保证，你一定会得到一份工作的。"

约翰接过来这张价格为七分钱的车票，对布兰科先生表示感谢，然后就走了。之后，他果然在约翰逊那里获得了一份稳定的工作。

五年之后，约翰到布兰科这里工作了一段时间。那时正值一场罢工运动，其他工厂的工人都出去游行了，布兰科手下的工人也准备效仿。此时，约翰站出来，恳求工人们留下来继续工作，他谈起了当年布兰科先生在自己困难时的热心与善意，这打动了在场的工人。他的这番讲话挽救了工厂。

布兰科先生说："约翰的一番话让工人们继续工作，让我可以及时完成合同。要是他们当时罢工的话，我的事业就毁掉了。现在回想起来，我觉得当时那张价值七美分的车票是我事业上得以继续前进的主要原因。"

无论是最粗野、最无知的人还是最有绅士风度的人，他们都喜欢别人以彬彬有礼与谦恭的方式来对待自己，而对粗暴与低俗的行为感到反感。

"嘿，汤姆。过来给我点一支烟。"一位西装革履的富有商人对卖报的小伙子说。小伙子躲在一幢办公大楼下，身体在发抖。这位商人嘴上夹着一根雪茄，但是他的最后一支火柴被风吹灭了。

这位小伙子停下了刚才一直在喊的"最后一版晚报"，然后抬起头，对这位商人说："先生，你这算是一种吩咐还是一个要求呢？""我的孩子，这当然是一个很卑微的要求了。"这位商人察觉出了这个卖报童口中所隐藏的不满，他笑着说："我想买几份晚报。"当他拿到几份晚报时，说："多谢，这是二十五美分，零钱你留着吧。"虽然这位商人并没有什么不友善的行为，但是这个教训还是要吸取的。因为，他没能以一种谦恭的态度去面对这个小伙子。但是，真正有礼节的男女或是绅士们对待任何人都是一视同仁的。对他们而言，对人谦恭有礼，这是最基本的，这不应该因为别人的地位或是等级而有所区分。

格罗夫·克利夫兰[①] 女士的优雅举止与谦恭更是增添了她的个人魅力，让她成为白宫有史以来最受欢迎的第一夫人。不论来访者是达官贵人还是穷人，她都一视同仁。有人曾说过一个故事，从中，我们可以看到她的这种友善与谦逊。

在白宫举行的一个公开宴会上，一个年老的女士穿过人群，想上前与第一夫人握手，但她不小心将自己的手帕掉在地上。她想弯下腰去捡，但是，后面的人们只想着与第一夫人握手，根本没有注意到这位老女士挣扎着要捡起手帕的努力。但这逃不过克利夫兰的双眼，她捡起了这块手帕，由于手帕被许多人踩过了，所以，她将这块手帕收起来并拿出了自己的手帕。这是一块由细薄布与蕾丝制成的精致手帕。克利夫兰女士面带微笑地对这位老女士说："如果你不介意的话，可以拿我的。"她说话的语气仿佛是在请别人帮忙，而不存在一种高高在上的感觉。

一个害羞、腼腆的小女孩很不自然地坐在一间大酒店广场尽头的凳子上，看着一群小孩子在另一旁尽兴地玩着。她与旁边的表妹好像很不习惯这个新环境，她们不太敢与陌生人接触。一个只有十岁的女孩，一脸朝气，她从欢乐的人群中走出来，走到这两个小女孩前面，坐在她俩旁边。她自我介绍了一

---

① 格罗夫·克利夫兰（Grover Cleveland），美国第 22 任与 24 任总统克利夫兰的妻子。

下，然后问她俩是否愿意与她和同伴们一起玩耍。她说："我曾经与我妈妈在酒店待过，没有人与我们说话。我记得那时候真是很无聊啊！所以，我总是乐意与那些陌生的小孩子说话的。"这种细心是多么及时啊！这是人类之间同情心的一种展现。

　　年纪小小的阿奇·麦凯相比起同龄人而言，并没有什么社交能力上的优势，但是，他身上却总是散发出一种气质——让人觉得做一个农民与国王无异。在圣诞节前夕，他与数百名流浪儿一样都站在格拉斯哥一座礼堂的外面，等待着进入。他们很早就在这里等候了，很想见到那些美丽的圣诞树，去分享圣诞的快乐。凛冽的寒风在街角上呼呼地刮着，一些商店的橱窗上覆盖着一层薄薄的霜花。而一个小女孩看上去比别人更加寒冷，两只赤脚总是轮流地摩擦着，想带给发抖的身体一点点热量。阿奇在观察了一会儿之后，不顾自身的寒冷，走上前，以一种甚为谦和与威严的骑士风度，将自己的外衣裹在了这个女孩的脚上。然后，这个还没接受过教育的苏格兰小孩将自己那顶破烂的帽子摘下来，也盖在女孩的脚上。他说："你可以站在上面啊！这样比较暖和一点。"

　　有时，一个优雅的行为可以遮盖所有的缺点。那些让人为之着迷的人几乎都是拥有优雅举止的人，这并非是狭义的肢体美丽。希腊人认为，美，就是上帝对人类的钟爱之处，认为真正值得赞美与传扬的美，一定不能被我们一些恶毒的话语或是情感的外在流露所糟蹋。根据他们心目中理想的定义，美必然是内心那些具有魅力的品质——诸如乐观、仁慈、善良与爱心。

爱默生说："一个美丽的举动，要胜于身形的美丽，这比雕像或是画像更能带给我们一种高级的享受。这是最为生动与高级的艺术形式。"我们甚至可以再进一步认为这种优雅的行为，在某种意义上让我们更为美丽。因为高尚的灵魂要展现出来，必然会通过肢体的一系列语言流露出来。当然，也有一些人天生就具有一种很罕见的优雅气质，一种迷人的个性，这不是我们通过训练就可以获得的。但是，我们的天性却让每个人都有一种学习柔和、谦恭与友善的能力。这种能力在很大程度上取决于我们在青年时所接受的锻炼。其实，这种锻炼是需要从孩童时代一直到青年时期，再到成年阶段一直坚持的。这样，我们的性情就会得到发展，让自己更具一颗善心，能够扩展视野与对人生的整体感悟，否则，我们只能在无知懵懂中迷糊度日。

倘若年轻人在人生的初始阶段就能认识到，良好的举止、谦逊与友善待人——无论是那些地位比我们高还是低的人——相比起教育、名气、财富或自我利益而言，这更有助于我们的成功。这样，我们会更加留心日常生活中看上去不起眼的细节，我们就会抓住每个机会多向别人说几句暖人心窝的话。一句激励人心的话语，甚至是一个眼神，都会让那些奋斗的人看到曙光。一句简单的"谢谢"，就是对别人行为的一种慷慨的肯定。当我们在不经意间打扰他人或是给他们带来不便时，一句"对不起"，也是能让人消气的。当与人交谈时，要专心致志，让自己投入其中；要重视对方的话语，耐心地倾听，不要中途打断；要善解人意，尊老爱幼——这些很基本的行为就构成了我们所称之为"良好举止"的内容。无论是对待穷人、无知之人、老人或是残弱之人，我们都要做到"良好的举止"。

友善与谦恭的行为应从小就以言传身教的方式来教育孩子。若是每个家庭都能做到以礼相待、相互友爱，若是孩子们从小就接受要尊敬父母与老人、照顾别人的情感与感受这样的教育，他们心中就会觉得，无论在任何环境下粗鲁或是无礼都是违背社会道德法则的。"爱别人"与"己所不欲，勿施于人"是适用于伦理道德上的一个黄金法则，这会让我们拥有更为完美的行为准则。

尽管我们的气质有时是先天所致，但是在某种意义上也是可以通过观察或是与富有教养的人交往来提升自己的。但是，真正的文明与优雅的举止是心灵的语言，这是"无所花费，却能收买一切"的——家庭的欢乐、生活的和谐以及工作的成功。

作为一个成功人士，得体与适宜的穿着与优雅的行为举止有着莫大的关系。

"美德与能力都不能让你看上去像一个绅士，假如你毫不讲究着装或是邋里邋遢的。"南方联盟军的李将军在告诫一位衣装不整的年轻士兵时这样说道。李将军的这份告诫同样适用于今天这个工作节奏、人事流动、信息交流以及商业方法都快速转变的时代。现在的雇主很少有时间去认认真真地检查那些应聘者的真正素质，通常情况下都是仅凭外表来做出相应的判断。在相等的条件下，一位衣着整洁与干净的男士或女士——而并非是身穿昂贵或是炫耀性的服装——相比起那些穿着寒酸或是衣衫不整的人而言，肯定是更具优势。这是毋庸置疑的。

注重细节的重要性——在这些细节上做到最好才是穿着得体的男女的表现——这种重要性可从一位年轻女士没能获得一份理想工作的例子中得到阐述。一位慷慨富有的年轻 V 女士创办了一间工业学校，专门让女子们接受良好的英文教育与培养她们自我独立的能力。她需要一位身兼监管与教师的职员。所以，当学校的一位董事以极高的赞语去推荐一位年轻女士，称这位女士聪明、饱含学识与举止谦逊，完全适合这个位置的时候，V 女士认为自己真是太幸运了。V 女士马上邀请这位年轻女士过来面试。很明显，这位女士的确符合该职务的全部要求，但是 V 女士却有点看似"不讲理"地不给她试用的机会。过了一段时间后，一位朋友问起她为什么莫名其妙地拒绝聘用这位如此合适的老师时，V 女士回答说："原因其实是在一个很小的细节上，这就有点像古埃及的象形文字一样，透露出许多内涵。那位年轻女士过来见我的时候，穿得既时髦又昂贵，但却戴着一双破烂的手套，而且鞋子上的一半扣子都掉了。一位穿着如此散漫与不整洁的女士是不适合作为年轻女生的榜样的。"也许，这位年轻的应聘者永远也不知道自己得不到这份工作的真正原因，因为，她在各方面上都是极其符合这个职位的，只不过是在穿着等一些"无关紧要"的细节上不加注意而已。

李达·丘吉尔女士曾在《独立报》上讲过一个故事。大街上一位以擦皮鞋为生的小伙子与其他的同行一样，穿着有点"衣衫褴褛"的感觉，但他的脚上却穿着一双好的鞋子。某天，他突发奇想，要擦亮自己的鞋子作为一种宣传的手段。当他把鞋子擦得闪闪发光的时候，他突然发现自己穿着破烂的衣服，这是他以前一直没有注意到的。但身上穿的破衣服与那双闪亮的鞋子根本不搭配。于是，他下定决心，如果自己的这种宣传方式要想取得成效的话，那么，他的衣服也必须要变得干净、整洁起来。当晚回家后，他恳求母亲帮忙剪去衣服上松散的褶角，再缝上一个闭口。第二天早上，当他穿着一身干净、整洁的衣服，脚上穿着一双闪亮的鞋子，走到自己以往的档口时，一种全新的自尊感涌上了他的心头。但是，他又感觉到自己的外套过于寒酸，显得很不合适，还有那顶破烂的帽子与全身的衣装都极不协调。他在平时省吃俭用，不断工作，终于攒到足够的钱去买一套全新的衣服，提升自己的形象。这套新衣服点燃了这个小伙子心中的激情与梦想。他一定要继续保持这身装扮，但他却感觉自己这种低微的工作与之不配。于是，他决心要找一份与之匹配的工作。他将这个想法告诉了自己的熟客—— 一位富有的商人。商人有感于这个小伙子的上进精神，给了他一份送信的差事。几年后，当年那个衣衫褴褛的擦鞋小伙子已经成为了一间大公司的经理。他将自己的成功归结于"要对得住那双闪亮的鞋子"的决心。正是那种渴望"闪亮"的勇气让他不断前进。

诚然，衣服本身并不能在真正意义上改变一个人，但它们却会比我们想象中产生更大的影响。普兰提斯·穆尔福德曾说过，衣着是人类的精神不断得到升华的重要途径。自然主义者与哲学家布封也证实了衣着本身对我们思想的影响作用。他说，只有当自己身穿正装时，才能静下心来思考一些崇高的问题。他就是这样着装去学习的，甚至还不忘配上一把剑！

一个孩子每到晚上就不愿待在家里。母亲对此深感忧虑，她向另一位母亲寻求建议，因为这位母亲曾说"自己的孩子在夜幕降临之后就几乎不外出了"。

"你是怎么做到的？"这位焦虑的母亲问道。

"嗯。我认识的每个人都是受制于自身的天性。我在与自己的哥哥、丈夫、儿子或是女儿的交流过程中，让我深信一点，那就是人们会自觉不自觉地向往美好与和谐的感觉。这也是我驯服儿子最为实用的武器。当汤姆开始喜欢晚上外出时，我总会轻声地责备他。他回答说：一个年轻人不想总是窝在家里，或是无聊地坐在狭小与老旧的房间里。我很认真地揣摩了汤姆的回答。过了不久，我卸下了他房间里的壁炉遮板，装上一个炉格，生起一堆火。因为不想给汤姆一种我是在贿赂他的感觉。我还在他的房间里铺了一张美丽的地毯，在墙上挂了几幅美丽的图画。一天，汤姆对我说：'天啊！我一定要让我的同伴看看我这个美丽的房间。'我说：'好的。'当他的伙伴到来时，我用美丽的盘子端上一些蛋糕与咖啡来款待他们。我将他的房间打扫得干干净净，显得光明与纯净。汤姆开始觉得家里要比外面所有的地方都更加美好，只想待在家里。我觉得，你只需收拾一下哈里的房间，让房间在他看来充满美感，感到自豪，让他在房间里随心所欲。那么，我向你保证，他就会乖乖地待在家里，而不会到处乱跑了。"

三个月之后，哈里的母亲告诉她的朋友说："你的计划真是太神了。现在，有时我都要催促哈里外出一下，以改变一下环境。"

一个美丽与温馨的家让哈里与汤姆乖乖地待在家里。

教会年轻人去欣赏眼前的美感，让他们的行为散发出这种感觉。这样，他们的生活就会显得更加积极与健康。

朗费罗曾给一位年轻朋友这样一条建议："可以的话，多看一些大自然的美景或是大师们的杰作。聆听一些美妙的音乐，或是每天坚持朗读一首优秀的诗歌。你总能找到半个小时以上的自由时间。这样坚持一年的话，你的心灵就会累积起一大串珍宝，甚至让你自己都感到不可思议。"另一位睿智之人在此基础上，增加说："每天让自己的心灵倾听上帝美好的话语，聆听一些充满希望与欢乐的美妙歌曲，让双眼注视一些充满神性的美丽愿景。这样，你的灵魂将成为阳光与欢乐的源泉，乐观的心境将成为人生的主乐调。"

《实用教育》的作者曾将欢乐比喻为生活的"万能钥匙"。他说："在一些高大的建筑物中，所有的锁都在一种系统之中，一把适合的钥匙将能解开这些锁。这把钥匙就叫'万能钥匙'。对于那些手握着这把钥匙的人，没有门是打不开的，他们可以来去自如地穿梭于每间房间。他能见到与享受的一切，是那些手中没有此钥匙的人不敢想象的。这把钥匙可让老师们敞开学生们紧闭的心扉，看到他们许多富有价值的思想。这把万能钥匙就是阳光的性情。这种性情让更多的心房为之敞开，无论老幼。小孩子们都愿意徜徉在温暖的阳光之中，因为这带给他们自信。

适用于教师的道理，同样也适用于与他人的交往上。

"你感到快乐吗？"一位女士这样问一名城镇的传教士。"我不知道啊。"传教士爽朗地笑着回答，"在过去许多年里，我一直都忙于给予别人帮助，让他们的心灵充满阳光。我还没时间想过自己是否快乐呢。"但是，他的脸上充满了阳光，对于她快乐与否的回答已经一清二楚了。

某人说："真正的快乐有一种独一无二的特点——自身得到越多，施与也就更多。"此君也可以这样说："你给予的越多，获得的也越多。"鲁斯·阿什莫尔在对女孩们所做的一次演讲中谈到："有一种才能，能够让你将周围的环境变得更加可亲；让人们都想与你交往，不舍得离开你；让胆怯者充满勇气，让怨恨之语消散，让一场和风细雨般的对话徐徐展开。我想，这种能力是由信念、希望与仁慈组成的，而爱则一以贯之，忍耐之心则巩固其稳定性。当你拥有这种能力时，不仅你的生活将会充满阳光而且你也不再是一个无家可归的女孩了。无论到哪里，你都可以组建一个属于自己的温暖的家。"

我们都知道，一些与众不同之人具有一种将平淡之水转变为美酒的能力。有些人则将所有的东西变成一瓶酸醋，有人则变成了蜜糖。在一些人心中，似乎有一种强大的心灵机制，让他们可以将阴沉的色彩变成壮丽的景色。他们的出现本身就是一种激励，让人的精神为之一振，感觉肩上的负担减轻了。当他们一回到家，就像北极在漫长沉寂的冬夜之后升起了一道曙光。他们好像能让自己总是处于一种很和谐的状态之中。他们的微笑就像魔法一般，驱散别人所有的烦忧与绝望。他们似将一种成熟的力量提升到一个更高的层次。他们让我们打卷的舌头滔滔不绝，如有神助。他们的确是别人健康的推动者。

我们越来越认识到心灵平和的重要性了，也明晓了"物以类聚"这句话的真实性与意义。充满笑容的人，自然会吸引拥有阳光心灵的人。人类的心就好像花朵，总是本能地朝向阳光。每个人都想拥有属于自己的欢乐，但这若是出于一种责任或是强制，只能让人感到很压抑。

阳光的心灵要比任何事物更能改变自身的境遇与心理状况。所以，放飞心灵吧。

全面与完整的教育
QUANMIANYUWANZHENGDEJIAOYU

第十八章

　　一个人事业上的成功，只有15%是由于他的专业技术，另外的85%要依赖于人际关系、处世技巧。软与硬是相对而言的。专业的技术是硬本领，善于处理人际关系的交际本领则是软本领。

——戴尔·卡耐基

一个心智没有得到全面发展的人实际上并非一个正常人。若一个人没有接受广泛与自由的教育，就很难真正将自身的潜能发掘出来。文森特主教曾说过，要是自己的儿子日后选择做一个铁匠的话，他仍会让儿子去上大学。

我认为，关于接受教育能让我们赚多少钱的问题，不应该成为左右我们是否选择上大学的因素。这只是一个个人自我发展的问题而已，正如一颗橡子可以选择成为一颗矮小的树木或是长成参天大树。在金钱利益的驱使下，许多年轻人都早早地远离了学校，在自己压根没有接受什么教育的情况下就进入商店或是在办公室里工作，这种做法严重地阻碍了他们发挥自身的才智。许多富有或是有名望的人都愿意放弃自己一半的财富，来换取让他们能够回到童年，直到接受大学教育为止的这段时光。一位纽约的百万富翁告诉我，他愿意将自己一半的财富用于换取获得中等水平教育的机会。他说在他很小的时候就被迫参加工作了，没有机会去上学。缺乏知识这种伤痛永远地伴随着他的人生。

接受教育是否真的值得？让一朵花蕾逐渐成长，散发芬芳，绽放美丽，让这个世界充满美感，这样一个艰辛的培育过程是否值得呢？正如我们让青年学生接受自由的教育是否值得一样。我们每个人面对的最大的问题，就是如何让自己的生命成为一种荣耀，而不是一种无奈的存在——这就是一份如何让负累充满神性的工作。

某个大城市的成功律师在谈到自己的孩子时说道："每天晚上，当我躺在床上，都生怕自己逝去之后只能给自己的女儿留下一个银行账本。"这位律师意识到，在这个世界上还有一些东西要比财富本身更为重要，要是自己死后只剩下财富，什么都没留下的话，这些金钱迟早会消散。自己的女儿可能会过上快乐的生活，但是她本人却没有获得足够的知识去应付人生带来的挑战。他觉得，心灵一定要摆脱无知的桎梏，让他的儿女们成为拥有世界公民意识的公民。

要是我们只是单纯地将接受某份工作视为赚钱的一条门路，而没有看到工作本身对我们性格的发展以及让我们获得丰富的人生体验与使自身不断成熟的能力的话，那么这种认识是极为肤浅与低等的。要是我们只是站在纯粹的商业角度来看，接受大学教育的这种观念可能就一文不值。

查尔斯·杜德勒·华尔纳[①] 说："成功之人，基本上都是

---

① 查尔斯·杜德勒·华尔纳（Charles Dudley Warner, 1829-1900），
美国随笔作家、小说家。

那些能抓住机遇，充分发挥自身潜能的人。我们每个人都有责任将自身的才华推向极致，在我们的能力范围内做到最好。我相信每个风华正茂的年轻人都应该接受大学教育，这样才能更好地实现人生理想。相比起没有接受教育的人，能够完成大学教育的人，将能够更好地在这个社会上立足，更好地发挥自身的才华。我觉得，真正敢说自己已将潜能发挥得淋漓尽致的人是凤毛麟角的。但我们时常可以见到一些'天才'在日复一日地泯然着。只有天赋还不够，只有接受更好的教育，将自身才华利用最大化的人才是最终的胜者。"

在康奈尔大学的大门上竖立着校长安德鲁·怀特的名言："今汝入校，定要学有所成，才学渊博；今汝离校，应为国家栋梁，造福人类。"

在大学里，学生们是自己的主人，而不是像在补习学校里那样，身不由己。在大学里，学生们开始规划自己的人生目标，为了未来的理想而奋斗。对于一个青年人来说，这是迈入成熟的一道门槛。

他可能在与同学们的交流中不断学习，通过不断的思维博弈而提升自我。大学生活是多姿多彩的，其实就是大千世界的一个缩影。大学里有各个班级。选举，与其他班级的关系，文学圈子，还有大学联谊会，宿舍生活，辩论联盟，体育竞技与比赛，以及工作与娱乐之间的转化，这让每个进入大学校园的学生都能获得知识，发展自己的个性。他会遇到全新的老师与同学，也为日后牢固的友谊打下坚实的基础。

在学校或是大学里与同学们一道接受教育，这要比自己独自一人拿着同样的教科书上相同的课程效果更为明显，不论此人多么具有恒心。大凡试过这样学习方式的人都会知道，有时一人默默学习的那种感觉是多么让人沮丧。当然，自学也是可以实现的，但要比在教室里大家一起交流时困难得多。大学的氛围赐给我们不断向前的动力，在竞争中不断成长。

对于一个勤奋认真的学生而言，课堂上的唇枪舌剑，教授与学生们智慧上的交流，以及教学相长的方式，都是让人心智大开的。

查尔斯·特温[①]　校长说："大学教育其实代表着一种能量的投资。每个学生将自身的精力投入进去，然后又能获得相应的回报。因为，教育本身就是不断创造与增加人的能量的过程。当然，教育让我们提升了现代社会所急需的两样东西——一是思想的能力，二是意志的能力。知识的力量就好比谷仓的容量，能够收集或是容纳许多农田丰收的谷物。思想的能力就好比一架石磨，将谷物碾成面粉，为人享用。思想的能力其实就是观察、预见、理智、判断与推理的能力。这些能力都是大学理应教会学生的。语言给人一种辨别能力，科学则是一种观察能力，分析学则带来了综合法，数学就是分析与综合两种能力的交汇——让思想的各个分子不断离散与聚合，历史学给人一种全面之感，哲学带给人的则是自我满足与自我发现的能

---

① 查尔斯·特温（Charles F.Thwing, 1853–1937），美国牧师、教育家。

力。在某种意义上，这些分类并不准确。但是在四年大学生涯里，这些学习会让我们成为一名思想者。当他刚踏入大学时，所知道的知识寥寥无几，想的东西也很简单。四年之后，当他离开大学时，虽然他的知识仍然有限，但却获得了一种思考的能力。而这种思考的能力正是我们每个人都极为需要的。我们可以问问美国最大型企业的老总们，看看他们最想获得、发现或是想学到什么。你会发现，他们最想要的，是"一种会思考的能力"。他们之前对人事的掌控与管理已经到了游刃有余的地步。在大学期间，他们在与学生们的交流中，特别是通过自己感兴趣的工作或是为各种社团所做的工作——诸如体育、社交、学术类的活动——这些都让他们成为一名管理者与执行者。我的一位朋友现在是犹他州煤矿的经理，他最近跟我说："在哈佛大学的四年中，老师们给了我许多帮助，但是足球队使我受益更多。"对他来说，奖学金是一回事，而执行能力则显得更为重要。能从清晰、宏大与真实的角度去思考问题的能力以及迅速与坚决的执行能力，还有自身所接受的知识教育，这些才是个人将精力投资到大学教育所能收获的最好回报。

校长弗朗西斯·帕顿说："相比起任何家庭教育或是商业经验，大学教育为人们在日后的生活中实现更为宏大的理想铺好了道路，这点是毋庸置疑的。大学教育给人们带来更宽阔的视野，能够看到事物内部一些复杂的联系——明白万物都处于无限的联系之中，谁也别想超脱于此。"

"这个世界任何活得轰轰烈烈或是造福于民的人，都会在

自己所处的那个时代烙下自己深深的印记。"塞斯·洛[1] 说，
"如果我们能避免从过去找寻理想的这个错误的话，那么，我
们同样不能低估过去所具有的历史意义。美国人民在阅读关于
制定宪法的这段历史时，就会发现，当时就是否要建立一个民
主国家是众说纷纭的。从中，我们也可以窥视到，貌似隐藏在
岁月尘埃中的教训是多么深刻啊，而我们的建国功勋们则是多
么睿智啊！他们毅然决然地选择了民主。他们这一群人，并非
是以一个个体存在，而是将过往的智慧与对当今时代潮流的准
确判断融合起来，实现了两者完美的结合。我认为，一位接受
过大学教育的人必然会对历史有所了解，对历史的教训怀有某
种敬畏感，这在某种意义上也算是另一种自我训练的方法。大
学教育应让学生在历史经验之上，获得一种审视现实的视角。

世界上最优秀的文学作品、最杰出的思想以及人类最高
尚的行为，这些多是推动着人类不断发展的重要动力。大学也
应让学生们获得这种动力，这将是一笔无价之宝。

"大学的一个显著特点，就是培养那些上大学的人的一种
思考的能力。"耶鲁大学校长德怀特说，"大学在接纳这些学生
时，他们的心智正处于一个逐步迈向成熟的阶段，一个从少年
向成年人演进的阶段，在度过了之前的一段懵懂的岁月之后，
他们开始将自己视为一个具有思想的人。从这个角度而言，大
学四年会让学生突飞猛进地发展。心灵自律的可能性是很具弹

---

[1] 塞斯·洛（Seth Low, 1850-1916），美国教育家、政治家。

性的。要真能实现这些目标，那真是太棒了。年轻人就是要成为一个具有思想的人。无论在什么地方，他们都能轻易地将自身的能力自如地发挥出来。心智构建应是大学所要考虑的。大学的一个目标就是要让这些年轻人在结束大学生涯时，心智成熟。这不是说他们再也不需要改变或是发展了，而是在日后的岁月里，为了更好地学习而打下一个坚实的基础。所谓大学教育，就是一个不断构建学生思想的过程。"

对一个年轻人而言，要想在大学的教育中得到良好的锻炼，就必须要有强烈的求知欲，有一种激情，让自己不断摆脱无知的车辙所烙下的狭窄痕迹，而在文学、艺术等领域与伟大的心灵展开对话，了解自然的真理。感受科学，触摸神性的能量，让心灵放飞在广袤的宇宙之中，让永远年轻的源泉满足这颗饥渴的心。

撇开其他一些功利的因素不谈，大学教育应让我们的人生获得欢乐与幸福。大凡上过大学的人，都难以忘怀大学时的美好岁月。大学四年的时光是人生中其他的每个四年所不能比拟的。那时，学生们的雄心壮志与高远的理想还没被现实的失望所击碎或是湮没，人性的美好还没被虚伪的誓言戳穿，彼此之间的交往是那么有趣与开怀，大有指点江山的气概。这段光阴是人生中最美好的时间段，此时，学生们的想象力处于人生的最高峰，希望燃着熊熊烈火，美好的未来似乎已经被装点得五颜六色。也许，大学带给我们最大的乐趣，在于感觉自己触摸未知世界的能力在逐渐增强时的那种满足感。大学时期的同窗友谊足以弥补所有金钱上的花费。除此之外，我们还能学到如何处理人与事的关系，克服眼前的障碍，成为生活的胜者。让大自然为我们服务。那么，谁能低估大学教育的价值呢？

我们在谈到大学教育时，将其视为一种资金、时间与能量的投资。一位明智的老师曾这样说："学生们自己做出这种投资，他们也能从中获得收益。但是，他们大学毕业时的那个自己，已经和四年前的自己不一样了。他的这个自我变得更为高尚、宏大，自己的心智、意志以及良心都处于一种和谐的状态。在成就前，再接再厉；在困难时，坚忍不拔；在胜利时，居安思危。他会时刻想着如何最大地发挥自身的潜能，也更加坚定了对推广公正与真理的事业的追求。对每个人而言，这就是大学所代表的一种真实的自我性。很多时候，大学培养出的毕业生，往往人格低劣，成为社会渣滓。但对于大多数人而言，大学更像一位'母亲'，赋予了我们生命的意义，给予我们不断的滋养，让我们去追求永恒。无论美国大学的教育制度如何变化，大学始终都应该是一所培养人如何生活得更加充实与饱满的机构。大学让我们的生活更为丰富，深化了我们对真理的认知，让我们的目标更为高尚，让我们更加坚持正确的选择，涤荡遮蔽理想的迷雾，让爱美的心尽情放逐。"

人从一个自我到另一个自我的转变过程，可从罗斯金的阐述得到说明。他说："教育并不意味着让他们知道之前不知道的东西，而是要他们以一种全新的方式去待人处世。"接受过教育的心灵在"一条随着时间流逝而不断拓宽与深化的隧道里自由地移动着。当他增加了一些知识时，在一定程度上，他就不是之前的那个他了。他就可以不断地完善自我，这样也增加了自己享受幸福的能力"。

阿萨·帕卡教授说："只限于知识本身的教育是十分贫瘠与缺乏营养的。我们真正需要的，并不是一些干巴巴的事实或是数据，而是一种勇气、诚实、力量、强烈的幽默感以及一种正义感。这个时代更为重要的，是建立起学生的品格，将他们心灵中一些扭曲的片段或是残余扫荡干净，让其笃信一点，那就是正确为人是极为高尚的，而错误做人则是极为卑劣的。这个世界上最闪耀的成功，并非是石磨的发明、铁轨的铺就或是煤矿的挖掘，也不是财富的累积，而是成熟男女们全面而均衡的思想。（语出查尔斯·金斯利）这就要求我们要打造完美的人格。

埃布拉姆·休伊特[①] 说："如果让我在金钱堆与大学时光的乐趣以及接受教育之后所带来的智趣两者中做出选择，我会毫不犹豫地选择后者。拥有了教育，你可以赚钱，但是有了钱，却买不来教育。"

"自由教育真是无价之宝啊！"麦克金利校长在旧金山的

―――――――

① 埃布拉姆·休伊特（Abram S.Hewitt，1822-1903），美国教育家、钢铁制造商。

一篇演讲中这样感叹道，"这种教育本身就是宝贵的赐予，不受岁月风霜的侵袭，随着孩子们年龄的增大，其价值会逐渐增加。只有真正接受过这种教育的人，才能真正地将自身的才华运用自如。他本人就可彰显这种教育的价值与其所带来的回报。我们只有通过自身努力才能获得这种教育，只有在坚忍与自我克制下才能真正领悟其中的真髓。这种教育是不分种族、国籍以及性别的，是对所有人都敞开大门的。从最广泛的意义来说，它具有一种包容性，而不是排外性。每个真正有志于大学且敢于为此奋斗的人都有机会去触摸这种教育理念。在追求知识的道路上，富人与穷人都是平等的，是友好的对手。他们都必须要为此做出一定的牺牲，这是必需的。通往这种教育的道路不能充斥着名利与地位的诱惑，而需要努力与认真的学习。当我们以美德、道德以及高尚的目标为伴时，不论男女，自由教育将是他们所能获得的最大恩赐与奖赏。

知识——现实的力量

ZHISHI—XIANSHIDELILIANG

第十九章

　　成功的意义应该是发挥了自己的所长，尽了自己的努力之后，所感到的一种无愧于心的收获之乐，而不是为了虚荣心或金钱。

——罗曼·罗兰

受过教育的人能做许多没有接受过教育的人所做不了的事情。教育能让我们变得举止优雅，心理素质更加强韧，才华得到更大的发掘。有时，人们的确会有这样的感想，即教育与我们的智慧高低是息息相关的。

一位作家曾这样建议那些只能靠手工劳动来维持生活的人："教育能够拓展我们的视野，让人们更加清楚地认识到自己当前所处的环境，让我们学会独立与拥有坚忍不拔的决心，不断地寻求自我完善。更为重要的是，教育能为我们找寻一条最为明智的方法去实现这些目标。"

教育真的能让我们在生活中取得成功吗？已过世的前教授帕卡德是一间著名商校的创办者。他曾这样说过："一般而言，那些成功之人都是不断自我完善的人。至少，在商界内是如此。受教育的人总是站在潮流的前面。他们总能获得最大的一份奖赏，这不仅限于政治或是专业领域，在办公室或是财务室里，也是如此。在一些大型银行、保险公司、运输交通公司与制造工厂里，他们占据上层位置的比例要超出人们的想象。才华与知识在每个工业部门都是亟须的。饱经磨炼的心智和熟练的双手必将能找到施展自己才华的舞台，获得最高的报酬。

《赚钱者》杂志曾有过这样一段话："当年那些认为知识已经没用的人，却发现今时今日在工程制造领域的各个部门享受着优渥薪水的人，都是受过教育的。一家企业在招聘技术人员与高级机械师的同时，仍然还有许多职位有待填补，这种情况可谓是屡见不鲜。一个真正有才干的人是不会找不到工作的。这种现象将会持续下去，几乎很少有应聘者会失望而归。这对那些想要独当一面的年轻人来说，是一种积极的信号。因为这个时代对素质的要求在不断地增长。所以，当今时代不仅为上进与聪明的年轻人和富有创意以及设计天赋的年轻人提供了广阔的舞台，更为重要的是，这个舞台在不断地扩展，前景一片光明。"

在纽约，一间年净利润为一万五千到两万美元的企业，可谓是收益不错的。但是，这间企业的一个合伙人，他拥有着常人所不具备的眼光，他认为要是自己能够掌握一些相关的技术知识的话，那么企业的规模将会更大。他让其他合伙人负责公司的业务，自己毅然去德国上大学。在接下来的四年大学时光里，他每天都要把十六个小时投入到勤奋的学习中去，因为他的眼前只有一个目标。数年之后，他当初的宏伟目标实现了。他成为了这个领域中的权威，现在他的企业的收益是当年的十倍以上。

教育的首要目标就是带来一种能力—— 一种更好地处理
人事关系的能力，在生活中让自己做到更高效。真正的教育让
人增强抓住、把握以及利用事物的能力。解决实际问题的实干
能力，解开困扰人的问题，这些都是对我们能力的一种考验。
其实，你知道多少书本上的内容，你的脑海中装载着多少理论
知识，这些都不那么重要。如果你不能随时运用自身的知识，
然后集中力量去解决一些问题，那么，你就是一个纸上谈兵之
人，也很难取得成功。我们必须要把自己掌握的知识实用化，
这样才可能在找寻成功的道路上有所斩获。

米诺特·萨维奇[1] 说："一个接受过全面教育的人，在感
知能力与分析能力上不断获得磨炼——让他的各方面能力都有
所提升。让这样一个人身处逆境，他也能看到自己所处的位
置，清楚在这个环境下，自己需要做些什么，能够战胜困难，
而不是成为其牺牲品。无论他在哪里，只要给他一点时间，他
就能控制自己，然后对环境有所把握。这样的人就是一个受过
教育的人。一个受制于环境与条件的人，没有能力去掌控局
面，即便他懂得很多，他也称不上是一位受过教育的人。学习
不实用的知识，这并非教育的本义。实用的知识，认真的生
活，对自身能力有清晰的认知，将自身的潜能充分发挥出来，
这些才构成了真正的教育。"

这个时代要比以往所有的时代更加亟须具有实干知识、

---

[1]　米诺特·萨维奇（Minot J.Savage, 1841–1918），美国唯一神论牧师、
作家。

具有常识以及实践精神的人。常识是一个时代的智慧所在。在一个追求速度与讲求实效的年代里，人们往往会抛弃那些所谓的理论或是理论家。现在，我们到处都能听到对实干之人的呼唤，而不需要那些总是将事情复杂化或是哲学化的人。这个世纪带给每个人的一个拷问点，就是——"你能够做什么？"而不是"你是谁"与"你在哪里上大学"。

知识并不等同于智慧，旺盛的精力也不能取代常识。知识必须要转化成一种能力。科尔顿说："我们宁愿不经学习获得智慧，也不要空有一肚子诗书，而没有智慧。"

最近一段时间，关于大学教育应在何种程度上将知识本身转化为能力的讨论方兴未艾。而更为功利的年轻人则会这样发问："上大学是否真的值得呢？"

要回答这个问题，我们首先要做一个调查。我们人口中百分之九十二的人都是可以通过手工劳动来养活自己的，只有百分之八的人进入了商界或是其他的专业领域。如果你是属于那百分之九十二的人，如果你有能力接受初级教育，那么，你会有很多途径去接受更多的教育。但他们却几乎都不愿意去接受大学教育。但你若是属于那百分之八的人，你就会认为上大学是值得的，可以获得很多高级的技术培训。在当代，许多大学都与一些技术学校有很多相似之处。

许多人在没有接受高等教育的情况下，仍能赚大钱。在他们这些人眼中，上完了中小学，也就够了。他们还认为，当年轻人去上大学或是进入一些预备学校学习的年龄，正是他们在商界的实战中获得能力与经验的时候。

让这群只会赚钱的人叫嚣吧！他们在金钱上的成功绝非是最高级的成功形式。

对于那些想让自身潜能得到最大限度发挥的人，对于那些希冀着成功喜悦的人，他们拥有着一个富于价值的人生理想，他们想通过教育来让自己实现宏大的理想，让社会与国家为此受益。对他们而言，相比起大学所能带给他们的东西，学费本身并不显得昂贵。

本杰明·德斯莱利说："生活中最为成功的人，都是那些掌握最优质信息的人。"

格拉斯通那饱经逻辑训练锻炼的头脑以及深厚的理性，与一位从未接受过教育的砂浆搬运工人所具备的懂得如何正确地将砂浆与砖头搅拌的理性能力相比，真是形成巨大的反差。两者的差异之处，其实也可追溯到最先的源头——就是是否接受过教育的问题。

当我谈到这个国家那些受过教育洗礼的立志为人类服务的百分之八的人群时，我觉得，他们是一群精英。在一般人都随大溜，融入那比例占百分之九十二的手工劳作时，他们却决定走一条不同的道路。我这样说，绝不是对那百分之九十二的人群有什么不敬，这只是对事实的一个简单陈述而已。我们可以很清楚地看到，那百分之八的人们，可以通过一些高智商的活动——商业或是专业活动，来养活自己。要是没有接受过大学教育或是高等教育熏陶的话，他们是不可能从事这些活动的。

美国教育专员威廉·哈里斯是这方面的权威人士，他曾发表过一份报告，在谈到成功的概率时说："在一个高度文明的社会里，最为重要与关键的职位都落入那些接受过良好教育的人手中。在这个方面上，受过教育与没有接受过教育的人的比例为 250:1。这份报告是基于这个国家里许多著人士的事例以及在名人传记中所获得的分析结果得出的。我记得，好像特温校长是第一位公布这些数据的人。

我也曾看到另一份统计数据，这份数据是基于美国上大学的青年人的比例与这些大学毕业生日后所担任的重要职位的比较。这些数据显示，超过三分之二的重要职位被比例少于百分之二的人所占据。而这百分之二的人基本上全部是接受过高等教育的人。

西部有一位很富有的人这样说过："我在夏天努力赚钱，在冬天就到学校里学习。在我十五岁之后，我在学校只上过一个冬季的课程，但是我总是不断地学习书本与社会的知识。如果当初我接受了大学教育，现在我应该已经进入国会了。那样，我也可以比现在更加成功了。"

一位具有影响力的律师说："在过去二十年里，我每天都想着要接受更多的教育。通过不断坚持学习，在早年学校学习的基础上，我又学到了许多新知识。但在接受知识这方面，我是永远不会满足的。"

有人曾睿智地说，一位大学毕业生的心理能力就好像蒸汽或电力的能量，这并不仅仅限于驱动某一种引擎，而是适用于任何机械的运作。没有接受过教育的人让人不禁想起尼亚加拉大瀑布汹涌的水流都被浪费了，即便不是如此，所利用的也不及一半；或是一辆马车在泥泞的道路上挣扎着前行，而要在康庄大道上，它却可以搬运数吨重的东西。

银行家哈维·费斯科在其《观点》杂志上发表了一篇名为《关于大学教育对商人的价值》的文章。在文中，他这样谈到：

"我深信一点，即无论我们日后从事什么工作，都需要为此打下一个深厚、广阔与扎实的基础。如果一个男孩日后不想只是做一位职位低下的职员或是默默无闻的商人，那么，在他父母能够支持的情况下，他应该接受最好的基础教育。"

一个年轻人在事业的早期阶段，很难感受到不上大学所带来的损失。假设他在十七岁时就进入办公室或是商店工作，而他的朋友则在此时上了大学。那么，在四年后，当他二十一岁时，就会觉得自己在商业能力上要比自己的朋友具有更多方面的优势。但是五到十年之后，那位曾经接受过大学教育的人工作起来就会显得更为轻松、更为自信，基本上与他的那位没上大学的朋友相差无几了。大学教育将强化我们全方位的能力。如果能正确利用大学所带给我们的资源，这将是一辈子无价的财富。

某位高产的作家曾这样说过："所谓大学课程，我想应被尊称为一种'教育'——这只是接受教育的开端，一种基础。大学教育应具有一种普遍的善意，应让学生在离开大学之后，通过自身的努力，来不断实现自己的理想。因此，大学教育不能让学生囫囵吞枣地学习书本的知识，大学教育所授予的，也不过是科学与艺术等方面的一些基本知识。大学的定位应该是要让学生们懂得如何更为有效地学习。一张大学文凭并不能证明你多么有才华——这只能证明你通过了大学所规定的你要学习的课程而已。"

大学首先要教给学生一种自我训练的方法与锻炼他们心智的能力。这才是大学成功与否的一个衡量标准。大学要让学生学会思考。在其他条件都等同的情况下，相比起没有接受过心智锻炼的人而言，大学毕业生从商后更能取得成功。

安杰尔校长说："如果生活的唯一目标就是获取财富的话，那么，很多年轻人在没有接受高等教育的情况下，无疑都已经实现了人生本应赋予的使命了。但是，如果有人去问这些年轻人，他们该如何让自己不断完善或是怎样才能对社会更为有益这些问题时——或者社会抛给我们这样的问题——什么样的人才是对人类的进步最有帮助的，我想，对上面这几个问题的回答，不仅不会让我们大学或者教育机构里的学生人数锐减，反而会让接受教育的人在总人口的比例上不断上升，甚至会超出我们的想象。"

我对每个年轻人的建议是：无论怎样，如果可能的话，都要去接受大学教育。事实证明，如果一个人能以更为恰当的方式去实现自身的潜质，他会感到更为快乐、更为圆满，成为一个对社会有用的人。

另一方面，要是站在一个实用的角度来看，大学教育也存在不少的缺陷与弊端。大学的教学方法似乎并不能培养学生的实际工作能力，也不一定能让学生养成成功所需要的良好思维习惯。在很多时候，诸如理论性、猜想性的能力以及权衡利弊甚至是沉思、思前顾后的能力是过度地发展了。而一种将事情迅速办好的执行能力，果敢决断与勇于践行的能力，则常常是大学生所缺乏的。

大学的培养没有让学生养成迅速与及时行动的能力，学生们总是惯于权衡利弊，思虑再三，最后还是难下定断。但是，当他开始日常的工作生活后，就会发现许多事情都是需要及时的决定以及迅速的行动的。没有时间让他拖到下周或是下个月去解决，因为所有的事情都必须在今天解决。因此，这就是许多大学生存在的不足，他们要在一段相当长的时间里，方能获得一些很实用的知识。

为了迎合当今时代的需要，美国的许多大学都纷纷做出一些相应的调整。当今社会的激烈竞争驱使他们不得不这样做。现在，工业以及商界的许多优秀人才都是出自大学。相对而言，越来越多的大学毕业生选择进入商界，而不愿意从事专业领域的研究。就耶鲁大学而言，相比于往年，现在进入商界的毕业生增长了二十五个百分点。大约三分之一的毕业生成为了商人或者是商界的领袖。而成为学者或是从事专业研究则不再是一个典型大学毕业生的选择了。现在，他们的选择也趋向于更为功利化。

　　头脑冷静、富于实干的年轻人在大学教育中如虎添翼，在日后的人生里，他们将为社会的进步发挥更大的作用。塞斯·洛说："在许多接受过大学教育的人心中，会有这样一种很本能的思维倾向，即源于书本的知识是人们所必不可少的。但是，人类的经验告诉我们，许多书本之外的知识也同样是极为重要的。一种出于本能的常识、未受过多少教育而取得成功的实用智慧，是我们要想不断取得成功所必需的知识。"

　　同样的道理适用于商界。饱受锻炼的心智与常识两者结合在一起，将产生巨大的价值。约翰·洛克认为，一个"常识没有开化的人"，倘能接受全面的教育，不仅能成为最为全面与有效的公民，也将成为工业或是商界的领袖。

　　大企业之所以聘用大学生，一般来说，因为在其他条件等同的基础上，大学生最终能够成为更好的经理或是领袖，尽管大学生常常给人留下实用才能不足的印象。大企业的老总们知道，如果一个大学生能充分利用大学教育的机会，即便这可能会暂时扼制他的实用性能力的发挥，但大学教育却给了他一个良好的分析能力以及对事情的迅速把握能力。一个大学毕业生最大的缺点在于他们喜欢满口理论，将文凭的价值看得过重。但是，当一些未来的美梦逐渐破灭之后，他却可以及时地加以调整。当他一旦掌握了一门行业的所有细节后，就会实现跨越式的发展。在大学阶段，他已经学会了如何思考，如何调动自身的心理能量。当他们一旦学会了如何应对企业发展的不同阶段，以及如何运用自身的才能时，他将变得更为强大。这是一个没有接受过教育的人所不敢想象的。

特温校长说："接受教育其实是在为我们日后的事业节省时间。我们似乎是要先往回走几步，然后才能完成一个大步跨越。大学教育带给我们一种活力、朝气、快速执行的能力以及有效办事的能力。一个年轻人花上四年时间接受大学教育，这有助他更早地进入自己所喜欢的行业。我偶尔间知道在一座伟大的城市里有一间最大规模的零售企业——当然，具体的名字我不能说——最近，他们所有的合伙人都订下了一些有效期长达 50 年的协议。在这些协议中，有一条协议要求每个合伙人的儿子都必须在该企业接受五年时间的学徒锻炼。但是，若是接受了大学教育，学徒的时间就可缩减为三年。这个方法可能是从人类有史以来最为成功的商人——犹太人那里所学到的。尽管犹太民族有很多与众不同之处，但他们在本质上与其他民族也没有什么大的区别。他们的成功可以部分归结为对教育的极端重视。克利夫兰，一位从事五金生意的商人，常常这样说，当一个大学毕业生在工作两周之后，他所具有的价值就与那些只有高中水平、工作了四年的人等值了。之后，他的价值将呈几何式地增长。这位来自克利夫兰商人的话在我看来是过于偏激了。但我敢说，种种事实都在证明一点，接受大学教育是对时间的最好投资。"

在许多大学里，大约三分之一的毕业生都选择进入商界。而这些毕业生对大学投资的一种回报，至少从他们进入商界之后，表现为一种金钱上的回报。有很多例子都充分表明，大学毕业生在投资大学教育上的收获是极为丰厚的。毕业生可能需要从最底层开始工作，获得最低微的薪水，但他却可以很快地从底层爬升。他所处的位置越高，进步就会越大。就在昨晚，一位杰出的制造商对我说：'我愿意花上一万美元的年薪去聘请一个人到我办公室工作。'他接着摇摇头说：'但是，我找不到这样的人。'而有能力去赚取年薪一万甚至是五万的人，基本上都是过往十年或是三十年来往届的大学毕业生。宾夕法尼亚州铁路公司正招聘许多大学生到各个部门工作。这些人在未来五十年里所获得的金钱上的报酬，将集中代表着年轻人投资教育所能获得的巨大价值。"

舒尔曼校长说："毋庸置疑的一点是，当今社会各行各业都对大学生表现出居高不下的需求。就拿工程制造业来说吧。15 年前，学生们要用一些"花言巧语"来哄骗这些机械生产制造商给他们试用的机会。正所谓"一人呼，万人应"。到了1900 届这个专业的毕业生，几乎每个人都收到两到三份的邀请。一间著名的电力公司曾将一个班的所有毕业生都请过去工作了。因此，许多公共学校现在都亟须大学毕业的老师，而这种需求将随着供应而不断增大。"

所有的这些社会变化以及趋势都越来越清晰地表明，我们的文明正趋向于更为复杂与更有组织的方向发展。"见好就收"的工作方法与没有技术的员工都将被淘汰。随着美国的制造业、商界与欧洲大陆的竞争全方位地展开，我们每天越来越明白一点：即利用高级技能与才能，最大化地利用资源，这样才能取得竞争的胜利。在这个时代，去做世界要求我们所做的工作，我们需要接受科学方法培养下的准确度、眼光以及特殊的培训，这些都是人们只能从大学教育里得到的。

耶鲁大学校长亚瑟·哈德雷说："现在，各行各业对大学生的需求正在不断地增加，但即使是这种增幅我们现在也难以满足。这在近几年商业活动不断扩张的情况下显得更加突出。当我们比较一下繁荣时代与萧条时代的时候，就可以发现繁荣时代投入资本的产出要比现在的产出更大。商界与政界对大学毕业生的需求不断增加，这也将有助于提升公共服务与公共生活的标准。我个人认为，这应被视为政治进步的一个结果，而不是其原因。我们现在面临的许多管理上的新问题，都是需要许多训练有素且具有广阔视野的人才能解决的。这必然会对下一代公职人员的教育有很大的要求。"

詹姆斯·康菲尔德说："在商界打滚十年之后，大学毕业生必将轻易地超过那些没有接受过系统教育的商人。而且，他们在工作之余还会有一些业余爱好。他们在取得成功之后，只想让工作成为生活的一部分，而不是为了生活而苦苦地工作。"

在我所认识的许多成功的商人中，不少人告诉我，他们偏向于聘用接受过大学教育的员工。因为，这些员工更能集中精力去完成某一件事情，他们一般都具有较为高尚的人格、远大的目标，这是许多没有上过大学的员工所不具备的。而且，这些接受过大学教育的员工更为忠诚，也更容易获得成功。

勇敢的心
YongGanDeXin

一所现代化、装备齐全、与时俱进的大学，应该紧跟时代的步伐，让莘莘学子从中获得最充足的知识养分，为他们日后的人生发展打下坚实、牢固与全面的基础。

特温校长在一篇论文中呼吁人们要对以下这个方面给予足够的重视——即大学生通过自身的努力不断学习，在时间与精力上都投入巨大，但是他们从大学里收获的要远比投入的多得多。他们从与老师或是同学的切磋与砥砺中学到了许多东西，这要比他独自一人学习更有收益。因此，他们成为了高级知识分子中的一员。正是这些人在数个世纪以来不断地推动着历史的车轮前进，而在历史上也闪耀着他们光辉的名字。

伟人之所以能够达到那样的高度，这与他们早年所接受的教育是分不开的。教育不仅让他们胜在起跑线上，也让他们比别人前进的更快，有能力担当更为重要的职位。

锡拉库扎大学的戴尔校长在谈到一个人如何定位好自己，找准自己的位置时，这样说道："你对自身能力的评价以及思考的全面性、真实性，都决定了你自己的运行轨迹。人们常常喜欢谈论财富、朋友以及许多成功的偶然因素，但这种对成功的看法是不全面的。那些真正具有能力以及才华的人始终会发光的。星星总会找到属于自身的轨道，这种轨道是固定的且被某种无法更改的法则牢牢掌控。但是，我们首先要做那颗"星星"，然后自然就会找到属于自己的轨道了。这取决于我们与其他"星星"以及处于永恒运动空间的关系了。"

星星为进入轨道所做的准备或是轨道为迎接星星所做的

准备，这两者与我们在世上最优秀的学府所接受的最高级的心智锻炼是密不可分的。一个人在大学里面所学到的语言、历史知识或是一些科学知识的细节可能会随着时间的流逝而忘怀，但是，大学赋予我们充盈与美丽的人生以及无限的能量将伴随我们一生。

道德的勇气
DAODEDEYONGQI

第二十二章

　　成功的人，都有浩然的气概，他们都是大胆的、勇敢的。他们的字典上，是没有"惧怕"两个字的，他们自信他们的能力是能够干一切事业的，他们自认他们是很有价值的人。

——戴尔·卡耐基

"我原本以为你会因为恐惧而不敢走这么远的路程呢。"纳尔逊的一位亲戚发现他已经离家很远了。

"恐惧？"这位日后的海军将领说，"我都不知道恐惧为何物？"

约翰·潘德顿·肯尼迪曾担任过美国海军部长。在他15岁那年，1812年的战争就已经箭在弦上，一触即发了。当时，肯尼迪已经下定决心，一旦与英国开战的话，他马上就加入军队。但是，心中的一个念头总是在困扰着他，他总是很害怕在黑暗中行走，因为从小他就被一些鬼怪故事吓坏了。为了克服自己的这种恐惧，他时常半夜一个人到家附近的广袤森林里游走，直到第二天早上。他一直这样锻炼着自己，直到在半夜两点钟在漆黑一片的树林中游走感到游刃有余，好像是在父亲的花园中悠闲地吃着早餐一样。尽管在一开始的时候，他始终被一些心魔所萦绕，但他一直坚持下去，直到所有那些恐怖画面全部消失为止。当战争打响时，他义无反顾地投入了战场。

沃尔斯利爵士说："要想真切地把握勇气，我们就必须对懦弱的每个阶段都加以研究，我们必须要根除心中一些微妙的心理疾病。"

在他打的第一场战斗中，他临阵退缩，所有的士兵都逃走了。据说，腓特烈大帝这位号称史上最英勇的斗士，在他人生的第一场战役中也是撒腿就跑。

也许，给勇气下一个准确的定义是很困难的。沃尔斯利爵士在写作时将之称为"心灵的连锁反应以及接近身体完美健康的一种状态"。他接着说："人的这种美德，也遵循在马与狗等动物身上所具有的自然法则。当它们受到越好的驯养，天性就会得到更充分的发挥。而对于一个有教养的人而言，还有一种具有更高价值的因素在发挥作用。那就是，人可能有一个勇敢的父亲或是祖上有许许多多勇敢的先辈，即使残酷的命运让他们的血液里流淌着羞怯的因子，他们还是会奋起维护人们所常说的'家族的荣耀'。"

《圣路易斯环球民主报》曾讲到这样一个故事：

17岁的李德登上了得梅因号汽船，前往唐奈尔森堡，将她受伤的母亲带回来。

在汽船出发五分钟之后，信使就说该船要与其他几艘船一道前往密西西比河，运载一批士兵来增援密苏里州格拉斯哥这一地区的玛里根上校。

该船在晚上 10 点半的时候到达了格拉斯哥。士兵们纷纷下船，只让一个士兵负责守卫船只。在下船登陆时，士兵们受到了同盟军的猛烈攻击，被迫退回到岸边。许多士兵阵亡，还有大量士兵受伤。

这次袭击让船上的许多妇女吓了个半死，还有几个人昏厥过去了。但是，李德却英勇地跳下船，处于杀戮的现场之中。

她用右臂扶着一位受伤的士兵，将他抬到甲板上。子弹在她耳边呼呼地咆哮，船上的人都说，你傻了是吧！但只见她在沙滩与船之间来回往返了 22 回，每次都将一名受伤的士兵送回到船上。在船再次航行之后，李德帮助医生救治伤员，她还让船上那些被恐惧吓坏了的妇女们撕碎一些东西，用来做止血的绷带。那晚，她彻夜未眠，照顾着伤员。

船上的供应不足了，每个人的配额也减少了。年轻的李德自己也吃不饱，但她仍然将唯一的一顿饭与别人分享。

翌日早上，昨晚撤退到下游两里的船重返昨晚的战斗现场，又带回了其余的死者与伤者。然后，26 位步兵齐刷刷地站在岸边，军官们则站在船头上守望者。维特利上校向这位英勇的女性赠送了一匹白马，而士兵们则齐声欢呼，表示对这位女性的感谢。

弗雷门德上尉讲过一个关于海军上尉吉利斯的故事。在美西战争期间，当吉利斯看到一枚鱼雷正朝着"波特"号袭来时，那个家伙真是一身是胆啊！"我必须时刻盯着他，但当时他那个真叫快啊！"鱼雷的速度很慢，但如果鱼雷撞到我们的舰艇，我们也只能命沉大海深处了。他迅速地脱掉鞋子与外套，准备跳下去。我说："吉利斯，你傻了？你会没命的？""长官，我将拧开其弹头。"他说着的时候，只见他双臂抱着鱼雷，使劲将鱼雷推离我们的方向。鱼雷的旋塞被拧开了，然后从吉利斯的手臂中沉入海底。这是三年前的事情了，当时他还是一位海军学员。

一位住在加州的苏格兰人，名叫麦克雷格，他也算是一位最好争辩与最为冷静的人了。某天早上，当他走在回家的路上时，他被一个人用枪指着，大声地说："把手举起来。"

"为什么呢？"麦克雷格冷静地回答。

"举起手来！"

"但我为什么要举起手来呢？"

"快，把手举起来。"这位拦路贼坚持着，用枪指着麦克雷格，"快点照做。"

"这要看情况了。"麦克雷格说，"如果你能告诉我为什么要举起手来的原因，我自然会举起手来。但你只是让我举起手，却不给我一个合理的解释，这样我是很难接受的。你我素未相识，你凭什么在大清早在公共大街上叫我举起手来呢？"

"快。如果你不乖乖听话的话，就把你的头给爆了。"劫匪有点不耐烦了。

这时，麦克格雷以迅雷不及掩耳之势抓住劫匪手中的枪，瞬间反手拿过他手中的枪。

"小伙子，你跟我斗，你还嫩着呢！顺便给你说一下，你要我举起手来，只需要走到我前面，用枪指着我，我自然就会举了。下次要记得。"

就这样，麦克雷格将此人押送到派出所，交给警察队长道格拉斯。

"让他穿穿紧身衣也不算是一个坏主意。"麦克雷格平静地对队长说，"其实我觉得他不是很坏，只是有点傻。"

于是，麦克雷格继续自己回家的路。

根据特利所说的故事，史蒂文·道格拉斯在当选为伊利诺伊州最高法院的法官时，年仅28岁。当时，摩门教主约瑟夫·史密斯正在受审。当证据不足以将他判刑时，据说一群暴徒冲进了法庭，抓住了史密斯，想要勒死他。在法院外面的院子里，暴徒们匆忙地搭建好一座绞刑架。当暴徒们冲进法庭，一窝蜂朝着史密斯的方向奔去时，道格拉斯法官大声喊道："治安官，迅速清场，法院暂时休会。""先生们，你们必须要遵守秩序，否则就要赶你们走了。"治安官是一位身材弱小的人，显得十分软弱。而暴徒们对他的话毫不理会，仍然朝着史密斯的方向奔去。"法官大人，他们不听话！我也拿他们没办法啊。"治安官如此"坦白"的软弱更是让几个暴徒头目有恃无恐，迅速跳到被告席，抓住了史密斯。但是，他们的行为都被道格拉斯临时委任的一位身材魁梧的肯塔基人制止了。道格拉斯对他说："现在我任命你为法庭上的治安官，你可以自己挑选多位副手，尽快清场，这是法律所允许的。作为本庭的法官，我有权利要求你这样做，维护法院的安静氛围。"这位临时受命的治安官执行了法官的命令。他迅速找来了六个人做他的副手，他赶走了三位头目，而副手们则让其他暴徒从窗户上逃窜而去。几分钟之后，法庭就恢复了原先的平静。正是道格拉斯的果断与大胆才阻止了一场谋杀案，让嫌疑人能够得到公正的审判。其实，道格拉斯的做法僭越了法律规定的权力范围。因为当时原先的治安官也在场，法官是没有权力去任命其他人取代的。当然，他也很清楚这一点。但在当时的紧急情况下，稍微一耽搁，史密斯就没命了。他敢于承担责任，果断地应对了危机。

君士坦丁堡的塞勒斯·哈姆林以其性格刚勇而称著。某天，他看到一个人在凶残地用鞭子抽打着一个十岁的男孩。"不要杀我。"男孩哀求道。哈姆林二话没说，当即用手杖给了这人当头一棒，让他蹒跚了几步。四到五个同伙见状，想上前将哈姆林逮住。哈姆林说："我毫不畏惧地直面你们，我会将你们每个人打得落花流水。我将前去克罗克。你们看到这个人抽打这个小男孩，知道这已经违反了法律，竟然不敢吭一声。"这几个人听了之后只好羞怯地散去了。一天，哈姆林看到一位酗酒的人在大街上残暴地打着他的妻子，此人的身材要比哈姆林魁梧。哈姆林说："我二话没说，立马将他打翻在地，在他意识到发生什么事之前，揍了他一顿。当我揍累了，就握着拳头对他说，'下次让我看到你还打人的话，我就将你交给警察。"

这是最近发生的一件事情。一群学生在上学的路上，看到一个 16 岁的少年在欺负一个大约 12 岁左右的男孩。

突然，这位被惹恼的小男孩将一块苹果核扔向那个大个子，大个子当然不服气了，他狠狠地揍了男孩一下，说："我要让你知道，你绝对不能向我投掷苹果核，你，快把这个苹果核吃掉。"

这个小男孩躺在地上，发出阵阵的疼痛声音，但是眼前这个人又高又壮，他的同学也没人敢上去帮忙。

这时，站在一处路灯柱下的一个人，衣衫褴褛，蓬乱的头发，按其衣装来看，绝对是标准的街头流浪儿。他与这群穿着得体的学生们相比可谓是判若鸿沟。他们生活在两个不同的世界里。他的手中还拿着许多没有售出的报纸。突然间，他把手中未卖的报纸丢在雪地上，箭步冲上前，沿着大街一直跑，他那蓝色的眼睛似乎要着火了，瘦弱的双手紧攥着。顷刻间，刚才那位大个子就被他拽住了领口，狠狠地摔在了地上。两人的身形差不多。

"你想打架，有种就找一个比你大的。你这懦夫，有种就找我！有种的话，就不要再去碰那个小孩。"

　　大个子挣扎着站起来，恐吓他说："如果我要打他，谁敢拦我？"

　　"我！"流浪儿说。他笔直地挺立着，动作标准得就像西点军校的学员。他挽起破烂的手袖，漫不经心地摇了一下头，说："我就站在这里，看你敢不敢去碰他一下。如果你手痒了，就找一个比你大的人开战，如果你想，让我跟你较量一下。"

　　"哼。"这个大个子只能这样哼着，始终不敢与这位"个子与自己一般大"的人较量。

　　"你就是一个懦夫！懦夫！"流浪儿说，"你没胆量与自己一样大的人打架。"

　　是的，大个子没有。他口中叨念着，最后悻悻地走了，他的同学向他报以讥笑声。

　　这个流浪儿继续回到原先的位置，他也许压根没有察觉到，自己为那位弱小男孩挺身而出的行为中体现了一种极为难得的英雄主义的气概。

　　我们有时会谈到平常生活中的英雄主义。勇气所表现出的各种形式在平常的生活中都有所彰显。当出现火灾、逃离或是被疯狗追赶时，当一些职员或是路人不顾自身的安危去拯救别人时，这无一不在展现着勇气。勇气彰显于与贫穷或是疾病作斗争的父母身上，彰显于他们为了教育孩子所做的不懈努力上。他们的这种勇气堪比那些为国出生入死的英雄们。

　　世间没有比道德上的勇气更为耀眼的了。我们要让勇气具有道德的基础，这样才可能会结出一个富于道德的结果。

　　沃尔斯利爵士说："在谈到勇气时，我们就不能绕过我的朋友与好同志——查尔斯·戈登不谈。他具有一种本能的、笃信上帝与未来人生的勇气。"正是这种勇气，让哈姆林挺身而出，让那位流浪儿扯进与自身毫无关系的事情。"这个世界所需要的勇气，很大部分并不是这种纯粹的英雄主义。勇气应在日常的生活中得到展现，就像那些在历史画卷上画上辉煌一笔的英雄举动一样。日常版的勇气，就要求我们要有诚实的勇气，敢于说出真理，敢于做回自己，而不是让自己成为别人，勇于在自己能力范围内生活，而不是依靠别人过活。"

　　一个不敢真正正视自己的人，不敢将自己的命运握在自己手中的人，只是随着大溜而晃荡，自己没有勇气去坚持自己的主见。这些人就没有勇气去追寻自身命运的轨迹。所有这些只有我们自己最清楚。若是这都没有勇气去担当，人是难以真正获得自尊的，更不要谈成功了。

　　要是卢梭拥有一种道德上的勇气，那么他就可让自己免于自我折磨的摧残了！要是那位可怜的戈尔德·史密斯——一位才华横溢同时又怀有一颗敏感脆弱心灵的人，能够有勇气放弃自身的一些虚荣心或是放弃对奢华的追求的话，那么，他的人生将大为改观！道德的勇气将让蒲柏摆脱那些琐碎的愚昧。其实，我们只需认识到什么是真实与正确的，然后抵御一切让我们远离这条道路的诱惑。那么，我们将发现自己不会再深陷泥潭或是在流沙中挣扎不休了。

当别人都屈膝奉承、低头哈腰时，年轻的男女仍然挺起脊梁，这是需要勇气的；当你的朋友们都穿起绫罗绸缎，而你仍然坚持穿着简朴的布衣，这是需要勇气的；当别人不正当地发财时，你宁愿诚实地贫穷着，这是需要勇气的；当别人都人云亦云地说着"是"时，你的一句"不"，是需要勇气的；当别人罔顾一些神圣原则而名利双收时，你仍然默默地坚守着岗位，这是需要勇气的；当世人对我们讥笑、嘲讽、挖苦、误解之时，我们仍然孑然地屹立着不倒，这是需要勇气的；当别人大肆挥霍着金钱时，而你仍然谨守着节俭的原则，这是需要勇气的。那些不敢与手中握着真理的少数人一道的人，其实就是大众的奴隶。当大众的行为有损我们的健康或是道德时，站起来坚决拒绝，这是需要勇气的。

拥护一项不受欢迎的事业要比在战场上冲锋陷阵需要更多的勇气。当别人因拘泥于小节而扼杀掉个性时，保持真实的自我是需要勇气的。请记住，世间所有事情都惧怕一颗勇敢的心，困难会为勇敢者让路。

"在这个地球上，人类若还有什么是值得我们赞美与爱戴的话，那就只有一个——勇敢的人——一个敢于直面魔鬼的人，并且告诉魔鬼，他就是魔鬼。"詹姆斯·加菲尔德说。

当格拉斯通还是一个少年时，他就展现出自身的道德勇气。他不愿意逢场作戏，陪别人喝酒，于是将酒杯倒过来放。若是某人想有所成就或是在某个时代烙下一个印记的话，他就应该勇于担当。一件发生在格拉斯通日后人生的故事，更是充分地展现了他对自认为正确之事的无畏坚持——正是这一特质让他成为那个时代的巨人。

身为首相的格拉斯通将一份法案呈交给维多利亚女王，要求女王陛下签字。但是，女王却决意不签。格拉斯通就与她争论起来，试着让她觉得签字是她的职责所在。但是，女王仍然不妥协。最后，格拉斯通以一种威严而又谦逊的方式，腔调中带着一种坚定的语气说：

"女王陛下，你必须要签字！"

女王陛下立即被他惹怒了，大声说道："格拉斯通先生，你知道自己以这种口气在跟谁说话吗？我是大英帝国的女王啊！"

"是的，女王陛下。但我是英国的公民。你必须要签字。"

女王最终被迫签字了。而时间也证明了格拉斯通的据理力争是必须与合理的。

珍妮·林德在斯德哥尔摩曾被要求在周末到王宫里举行的一些舞会上演唱。但是，她拒绝了。当国王亲自出马想让她去助兴时，她说："陛下，还有一个比你更高级的国王呢。我首先要对他保持忠诚。"

所有人都能感受到戈登将军超凡的魅力。只要他一出现，人们就能感受到他的气质。他是一位始终忠于自己最高信仰的人。当他在法属苏丹时，他总是将一块白色的手帕挂在帐篷外面。所有人都知道，他在祈祷着。在这些最神圣的时刻里，他与上帝在一起，不想让内心受到打扰。

人类最高尚的行为，莫过于坚持心中的正确观念，遵循上帝以及有益的法则，不管世人赞同与否。

当一位颅相学者观察威灵顿公爵的头部时说："你没有被一股动物的勇气所控制。"

"是的。"威灵顿说，"当我第一次作战时，我本可以临阵退缩，但是我坚守了自己的阵地。"

詹姆森女士说："责任要比爱更重要。正是这种永久的法则，让弱者成为强者。没有这种责任，所有的力量就会像流水一般，毫无定式。"

伯克说："我所做的，并不要律师告诉我该怎么做。而是人性、平等与正义支配着我的行为与准则。"

正是这种伟大的生命法则，正是这种责任感让威灵顿公爵勇敢地捍卫着英语民族的生存，正是这种道德的责任感造就了我们这个时代道德生活最绚丽的一章。

"你难道不知道自己的生命处于危险之中吗？"玛丽·利弗莫尔对一位年轻漂亮的仁慈女人说。她似乎对自身的安全置之度外，丝毫没有动摇自己帮助大城市里那些饱受疾病困扰的受害者的决心。

　　"是的。"这个女人回答说，轻轻抬起她那双棕色的眼睛，注视着提问者，"我也知道这是很危险的，但我宁愿坚守自己的责任而死去，也不愿袖手旁观地活着。"

爱——人生真正的荣光
AI—RENSHENGZHENZHENGDERONGGUANG

第二十一章

在一个崇高的目的地支持下，不停地工作。即使慢，也一定会获得成功。

——爱因斯坦

"本世纪英国工人阶级的进步历史，很大程度上取决于一个人的历史——他就是沙夫茨伯里。"索尔兹伯里说。格拉斯通也曾这样地称赞过这位伟大的改革家："英国之所以长治久安，并非由于我们制定了完备的法律或是有一群优秀的立法者，而是因为有许许多多像沙夫茨伯里这样具有博爱精神的绅士。"

虽然沙夫茨伯里[①] 出生在一个显贵的家庭，但他从早年开始就拥护穷人与那些被压迫的人。他拒绝了金钱所带来的种种诱惑，放弃了安逸与舒适的生活。无论走到哪里，他都紧跟着自己的理想；不论前方的道路多么崎岖，或是遇到多大的阻滞，他也仍然一往无前。提高穷苦工人的社会地位，这是他毕生为之奋斗的一个重要事业。为此，他将大半个世纪的时间投入于此。而他是如何做到的，这仍是一个历史之谜。

---

① 　沙夫茨伯里（Shaftesbury，1671-1713），英国政治家、哲学家、作家。

一些破烂的学校、夜校或是破旧不堪的房屋、帐篷、俱乐部、阅读室、咖啡厅都被装饰一新，好像施了魔法一般。而之前脏乱差的地方以及犯罪猖獗的旅游胜地现在成为众多伦敦穷人娱乐的好去处。水果贩、擦鞋者、报童、商店女工、女裁缝、女工人、工厂职员、英国制造业内的男男女女们都将沙夫茨伯里视为上帝派来人间的使者。当他逝世时，整个国家都陷入了一片哀伤之中。无论穷人还是富人，出身显贵还是低微，都静静地跟随者他的灵柩到了威斯敏特大教堂。皇室成员、公爵、议员、商人、政治家、学者、工厂员工、女裁缝、卖花女、烟囱打扫者、水果贩，还有从这个国家四面八方涌来的劳动者们，他们就好像一家人一样，共同缅怀这位慈父般的人。

菲利普·布鲁克斯说："人生的要义在于奉献——奉献别人，而不是限于自我。自我是极为狭隘的。我想对刚刚涉世的年轻人这样说，也想与历经世俗磨炼的成熟人分享这些。生命并非只是为自我而存在的。正是在奉献之中，我们的生活得到不断的升华。衡量一个人的成功，在很大程度上取决于我们的一生为人类的福祉做出了多大的贡献。我真的希望自己有能力去说服我的所有听众，让他们明白奉献的重要意义。在奉献之中，我们将自己融入别人的生活之中，别人也成了我们自身的一部分，你与别人合二为一了。你们共同为人类的美好生活不断努力。只有这样，我们才能真正地接近上帝，让神性走进我们的心中。我们并非是要向教皇、教士、教堂等人或机构屈服，而是要有自身的独立性。要想过上真正成功的生活，你不能逃遁出这个世界，然后自娱自乐，什么事都不干。只顾自己，这并非是奉献的本义。我们必须要放弃自我的存在，让自己成为这个世界不可分割的一部分，让自己与别人更加紧密地融合在一起。让我们的心容纳别人吧，奉献别人，这样，你将终身受益。任何真正到达伟大的人，无一不感受到自身与整个人类的命运紧紧地联系在一起。上帝赐予他的东西，他又奉献给人类。

当然，你有很多名字去称呼它——慈善、仁慈、博爱、无私、兄弟情义——但这些不同的叫法都不能改变爱的本质——正是这爱的五花八门的表达方式，让人类创造了最伟大的事情，将人类提升到最高的境界，让我们摆脱了茹毛饮血的低等生活。

科学不断创造着奇迹，为我们好奇的双眼不断展现出一片新的宇宙与世界，按照一定的规律，我们可以让自然按照我们的意志行事。科学让隧道穿过高山，河流改变航道，把被大洋分隔的两岸紧紧拴在一起。但是，只有爱，以其纯化、振奋的影响让人心为之激荡；只有爱，环绕着整个世界，让我们向穷人、弱者、悲伤者、受难者伸出援手，让他们分享人类飞速发展的科技与思想文明所带来的美好。

"从现在开始，谨遵信念、希望与爱。"圣·保罗写道，"但三者之中，唯爱最大。"这是在践行一种法则，一种获取成功的法则。

亨利·德拉蒙德在圣·保罗理论的基础上对爱进行分析时说："爱有七种组成成分——耐心、友善、慷慨、谦卑、有礼、无私以及真诚——正是这些成分组成了上天赐予我们的最高礼物——臻于完人。你将会发现，爱与人类、与生活、与熟知的今天或是未来的明日有着不可分割的联系，而不是虚渺的未知的永恒。我们时常听到上帝之爱，耶稣基督时常谈到对人之爱。我们要与天意和谐共处，让爱给这个世界带来和平。"

"人类所能为上帝做得最伟大的事情，就是对他的子民亲切友善。我时常会惊讶地发现，为什么人类之间就不能和睦共处呢？我们是多么需要这种共处啊！只需要我们即时的行动，就可以轻易地做到。赐予别人以爱，这是一种无瑕的行为，而我们所能给予的远超出自身的想象——因为，这个世界没有什么比爱更加让人值得憧憬了。爱永远不会凋谢。爱就是成功，就是生活。'爱，'我愿与布朗宁一起说，'就是生命之源。'"

"当你蓦然回首人生时，就会发现，那些鲜活的时刻，让你真正感觉自己是在生活的时刻，都是那些你以一种爱的精神去做事情的时候。当记忆浏览往事时，越过人生所有短暂的欢愉，就会跳到那些最为美妙的时刻，当你能够在毫不知觉的情况下对别人施与善意。这些事情可能显得那么琐碎与不值一谈，但你会觉得，正是这些小事让自己驶进了永恒。在我的一生中，我也算是阅遍了上帝之手所创造的许多美丽事物，我真

的很欣赏他加诸于人类身上的种种美德。但当我回过头审视自
己的一生时，我感觉自己似乎站在众生之外，上帝在对我表达
爱意或是小小爱的举动，让我感到了他的存在。这种短暂的经
历只有四到五次。让我深深感到——爱，是生命所必须坚守
的。其他的美德是可以预见的，但是爱的行为是默默的，没人
知道其中所潜藏的不朽力量。”

　　德拉蒙德[①] 接着说：“在非洲的中心，在一些面积庞大的
湖的周围，我遇到许多黑人男女，他们唯一还记得的白人就是
大卫·利文斯通。当你追随他的脚步，沿着这片大陆行走，当
人们谈到这位三年前逝世的善良医生时，脸上总是绽放出微
笑。他们也许对他不是很了解，但却感受到他那颗充满爱意的
心。”世间没有比爱的善意更持久与让人感怀的了。

　　“你真的打算驾着这艘小船去迎接大海的风浪吗？”拿破
仑对一位从法国逃出的年轻的英国水手说。当这位水手逃到了
布伦港口时，他自己用一些树枝与树皮造了一艘小船，他准备
驾着这样的船去应对英吉利海峡的巨浪，希望中途能被英国的
巡航舰发现。

　　“如果你同意的话，我会立即上船的。”年轻人说。

　　“你无疑有一颗爱国的心，你这么急切地想回到自己的祖
国。”拿破仑说。

　　“我只希望回去见我的母亲，她现在年纪大了，生活又贫

────────

　　① 　德拉蒙德（Henry Drummond，1786-1860），英国银行家。

苦，身体又不行了。"水手说。

"那你就应该回去看她。"拿破仑惊叹道，"请你代我将这袋金子送给她。她能培养出这样一位具有孝心与责任感的儿子，肯定是一位伟大的母亲。"于是，拿破仑让这位年轻的水手登上了法国的舰艇，挂着停战的旗帜，将他送回了英国的舰艇。

爱是打开所有心房的金钥匙。要想在事业或是生活上取得成功，就必须通过这扇魔法之门。我们要将自身这一强大与充满能量的爱意施与别人，否则，就难以取得最高层次的成功。你可能是出自于一种责任感去关爱那些大城市的贫民或是一些天桥下的无家可归者，或者你就是教会成员，不想对别人不闻不管。不管出于哪些原因，我们都要去救济这些穷人，教会他们一些知识，让他们更好地生存下去。但若是你没有发自内心的一种爱意，那么你的努力最终也是白费工夫。面对许多人对于该如何去帮助那些他们从街上发现的无家可归者时，一位救济会成员说："首先，我们要学会爱他们。"这句话是救济会迅速发展壮大的秘密。

无论你从事什么工作，无论命运对你开了多大的玩笑，如果你不能以爱待人，你的生活就是一种负累，让人掉入了绝望的深渊。真正成功的老师，是不会只为了薪水而工作的，不是因为可能的恐惧而保持自律，或是迫使学生去学习，否则就让他们遭受惩罚。相反，他为了学生的未来而忧心忡忡，心系自己的工作，至少以一颗宽广的心去试着帮助那些幼小的心灵。爱让能力倍增，爱有一种直觉的能力，若是没有这种能力，它是难以直抵我们灵魂深处的。一个成功的牧师必须受制于一种让人向上的欲念。他必须要有爱心，否则难以提升别人的心灵。一位真正的律师不仅要热爱法律，更要热爱真理与公正，他必须要更加关注顾客的需求，而不是自身的收入或是一些名望。

康维尔[①] 说："当我在耶鲁大学读法学时，有一位家境贫穷的同学。他的衣服显得有点破旧。但我很喜欢这位同学，虽然我与他很少交往。我之所以对他有一种爱意，是因为他出身于贫穷家庭，但仍然有着强烈的求知欲。我想，如果我处在他的情况，他也会这样对我的。当他在耶鲁读法学时，他的梦想就是成为一位法官。这是他的一个坚定目标。但他的父亲对此坚决反对，他只能带着几件衣服就离开了家。他努力工作，积攒了一些钱，抓紧时间来获取知识。由于他半工半读，所以他上不了每节课，他的同学给予了他帮助。同学们将在课堂上记录的笔记借给他。他热爱法律，盼望着有朝一日能够成为一名律师。他热爱公正，热爱真理，当别人看到他的决心时，就会说，'他必将会取得成功'。现在，他成为了最高法院的大法官。他之所以取得这样的成就，虽然与别人的帮助分不开，但是这与他对工作的热爱是分不开的。

让这个贫穷的年轻人奋起的精神——就是一种对工作的

---

① 康维尔（Russell Herman Conwell, 1843-1925），美国演说家、慈善家。

热爱，对真理与公正的期盼，以一颗无私的心去推动人类共同
的利益不断前进。保持一种爱，这就是我们任何事业取得成功
的最大保障。无论你是一位科学家、演讲者、物理学家或是造
船者、老师或是医生，爱，就是你所能给予这个世界最好的礼
物。如果你为了自己的欲望而将别人踩于脚下，你是很难感受
真正的人生乐趣的。

"你们可能认为为了自我是一种不断激励我们前进的方
式，"怀特·马尔维尔说，"但我要告诉你，正是对自我的克制
才让我们做出一系列高尚与善良的举动，为这个世界增添光
彩，让其显得更加美丽。"

正是一种悲天悯人的爱让弗洛伦斯·南丁格尔离开了富裕
的家庭、亲爱的朋友以及原先的舒适与幸福，冒着生命危险在
战场上抢救伤员，在被疟疾肆虐的克里米亚关爱着病人。

内战期间，在弗雷德克里斯堡战役中，数百名受伤的联
军士兵只能躺在战场上，他们呻吟着要喝水，但回答他们的只
有敌人隆隆的炮声。最后，一位来自南方的士兵无法忍受这样
的场面，他恳求长官让他去拿水给这些受伤者。长官告诉他，
如果他一走到对方的炮火之下，就会当场丧命。但是，这些伤
者的呻吟在他耳中已经掩盖了炮弹的声音，他走出来，不顾自
己的生命去为伤者取水。双方的士兵们都傻眼了，看着这位英
勇的士兵毫不顾忌枪林弹雨，将取来的水一个个递给受伤的士
兵，让他们干裂的嘴唇能够喝到水。联军士兵被这位不顾敌军
炮火的英勇小伙子的行为感动了。他们与盟军都停火了一个半

小时。在这段时间里，这个年轻人走遍了整个战场，让那些口渴的伤员喝水，将他们受伤的肢体摆正，将背包放在受伤者的头部底下，给他们轻轻盖上衣服与外套，好像他们就是他的好兄弟。

苏格拉底说："在爱诞生之前，许多恐惧由于我们自身的匮乏而占据着我们的心灵。当爱驻足于我们心间时，所有的这一切都被消除了。"

因为爱正处于一种成长的阶段，所以许多恐惧之事得以继续在这个世界上为所欲为。因为人类仍还处于"童年"阶段，所以恐惧、愤怒、仇恨、野蛮、自私以及自大都以最原始的方式展现出来。人类的道德仍还处于最原始的阶段，为了自身的利益，不顾兄弟情义，囤积他们用不上的金钱。这都是因为他们还没有认识到爱是什么。爱的本质就是奉献。我们自身邪恶的欲念要受到严格的控制，不能任其泛滥。若是人类都明白了爱的本义，那么，这个世界将再也没有战争、仇恨、阴谋或是不择手段超越别人的欲念。人类的所有低等卑鄙的欲念都会在神性的力量下消失。

爱是宇宙中的一种建设性力量。有爱的地方，我们就能构建起生活的脊梁，让欢乐与美丽成为其坚实的结构。爱，让落魄者免于潦倒，让跌倒者不再哭泣，让绝望的人看到希望的曙光，向沉闷与无聊的生活投下光明，让弱者的身心得到照顾，为疲惫的旅者碾平崎岖的道路。爱，总是无所不在地存在着——教会人类如何面对生活。

在一个乡村的公墓上，一块白色的石头下就是一个小女孩的坟墓。石头上刻着这样几个字："她的小伙伴这样描述她——与她在一起时，人就会向善。"这些简洁的话语浓缩了一个短暂生命所充满的美丽的故事。这个小女孩身上彰显了基督之爱。这就是走向完美生活的唯一秘密。爱驱使着我们向善。即使一个人跌落谷底，但他仍有机会再次爬升，因为他无法抵挡爱的呼唤。玛丽·马格德林的灵魂被上帝之爱所感化，最后，这位罪人成为了圣人。冉·阿让，这位维多·雨果书中不朽的传奇，由于社会的种种压迫而犯罪，但在一位善良的主教爱的感化下洗心革面，重新做人，最后成为一位富人，并将自己的后半生都投入到为人类谋福祉的服务之中。伊丽莎白·弗莱在英国监狱里劳作时，让那些早已被世人遗忘的牢友们重新燃起了希望与勇气，将那股被他们忘怀许久的行善勇气迸发出来。若是没有这位具有善心的人出现，他们也许永远都不知道什么是爱了。她身上的基督之爱可从她对一位同伴的回答中体现出来。当这位同伴看到她对一位被关在伦敦西门女子监狱的朋友友善相待时，就问她这位朋友到底犯了什么罪？"我不知道。"弗莱女士说，"我从没有问过她这个问题。人非圣贤，孰能无过。"在我们这个时代，莫德·巴灵顿·布斯让许多男男女女重新获得了尊严，让全世界的工人们获得了应有的地位。要是没有她的努力，他们可能早就被这个虚伪的社会逼得要去犯罪了。

当代一些最著名的慈善家都对穷人怀有一种深深的爱。

"五年前，布列塔尼的一位年轻助理牧师突发奇想有了一个想法。"一位作家最近说，"他自己没有能力去帮助穷人，因为他的年薪才只有80美元，他的朋友们都在贫穷中挣扎着。他的这个想法很简单，但听起来又有点荒唐，那就是穷人应该帮助穷人。这位热心的年轻人说服了三个妇女去帮助他。其中两人是裁缝，另一个则是做仆人。这四个人都同意将他们的工资用来开始一项新的实验。

"所以，在圣·塞尔文的贫穷大街上，许多贫穷的人们被组织起来了。在一个破烂的阁楼里，第一批领取养老金的是两位老妇人，她们得到了妥善的照顾。珍妮·荣根是这一团体的第一位发起人。"

"正是那位年轻助理牧师的一个看似荒谬的想法，让贫穷的人们自我帮助。在那间破旧房子的行为拉开了近代宗教与慈善活动轰轰烈烈的序幕。耶稣基督的出身也是极为卑微的。时至今天，在整个欧洲大陆上，有超过250个分支机构，每天为超过三万三千名贫穷的老年人提供食物与庇护。"

在今天，在大城市里，我们时常可以看到许多姐妹会的成员们提着篮子或是推着小车在街上救济穷人的情景。阿贝·勒·佩勒尔在生前看到了他当年的梦想成为了现实。

大约在两年前，一位名叫安妮·麦当劳的制衣工在纽约死去。她将自己所留下的价值两百美元的财产全部用于为残疾儿童建立房子的计划。当时，许多慈善机构都在帮助穷人，但是在大城市茫茫人群中的那些残疾儿童却被忽视了。这位制衣工想起了要为这些孩子提供帮助，为此，她将两百美元投入这项慈善事业之中，还有一个人捐款了两千美元，以此为基础成立了黛西·菲尔德斯慈善会。在著名的巴里塞德斯岩壁之后，离哈德逊河不远处，是一片广阔的土地。这里，夏天长满了雪白的雏菊，冬天则覆盖着白雪，矗立着一座面积不大的医院。这座医院收留着许多残疾的儿童，他们在这里不会被送走。在他们被治好或是能自力更生之前，都会得到这里的庇护。

但对于生活贫穷的苏菲·莱特老师来说，新奥尔良这个地区根本没有为年轻男女提供免费夜校课程的机会。她当时只有 16 岁而已，但从 12 岁起，她就自立了。她亲眼看到新奥尔良地区许多年轻男女们失去了接受教育的机会。她曾尝试说服一些公立学校去让这些学生上夜校，但以失败告终。于是，她向这些辍学的学生们敞开自家大门，让他们接受教育。在白天忙碌的教书工作结束之后，在晚上，她出于一种善意，义务去教这些学生。她呼吁别人也参加这种义务教书的活动，得到了热烈的响应。现在，接近一千名学生参加她组建的学校。有的一家老小一起上课，有的年过半百，有的还只是小孩子，他们都坐在同一间教室里。入学的唯一要求就是，他们的确是穷的没钱上学了，而且有着强烈的求知欲望。许多成年人与孩子都是赤脚过来上课的。她与其他的教师都想尽办法去为他们买鞋子与书籍。通过一些朋友的慷慨解囊，她不断地扩大学校的规模。一年年过去了，她的学校具有的课程包括绘画、描摹、黏土制模、音乐、记账的全部课程。

每个人都应该对英国的德国裔慈善家乔治·穆勒有所了解吧。他在19世纪上半叶在阿斯利·坦斯这个地方开办了一间著名的孤儿院。他刚开始没有钱去创办这样的机构，但是他对穷苦、无家可归的孤儿们的爱，让他坚信一点，上帝一定会让这样的事业繁荣起来的。这个伟大的机构，可以说是他的爱与信仰的产物，让数以千计的流浪儿得到庇护之所，而资金的来源则完全是人们自愿的捐款。

这些善良的心灵，一心只想着别人，没有顾及自己，却实现了O.B.弗洛辛厄姆所说的真理："秉持一颗宽广之心，想想自己应如何去服务别人。这样，你自然就会慢慢成长。属于你的份额不会被别人抢去。你的身上将散发出一种力量。尽力从善，做到最好。"

将友善、爱与仁慈撒播给任何与我们交往的人，这样，人们是不会忘记你的。沙夫茨伯里、库珀、皮博迪与穆勒等人并不需要铜像或是大理石的雕像来让人们铭记他们的名字。这些慈善家的名字已经深深嵌入了国民的心中。他们所做的工作铸就了最为坚固的纪念碑。他们的名字将流传百世，在受益者心中永存。

我们应以别人行为的结果来认识他们。一个人的生命若是能结出善意的果实，这将是我们得到上帝青睐的唯一方式了。

传说有一位世外隐士，他在堤博德的山洞里住了六十年，在那里斋戒、祈祷以及苦修，花上一辈子的时间想与上帝有所接近，这样他就可以在天堂里确保有自己的一席之地。但他却仍不知道何谓真正的神圣的举动。某晚，一位天使对他说："如果你想在道德或是圣洁方面上超越别人，那就试着去模仿那位挨家挨户乞讨与唱歌的游吟诗人吧。"这位隐士听后感到很不满，于是找到了这位游吟诗人，质问他为什么会更受上帝的恩宠。诗人低下头回答说："我的天父，不要嘲笑我。我从没有做过善事。我连祈祷的权利都没有。我只是挨家挨户地用我的提琴与横笛来取悦别人而已。"

隐士坚称，他必然是做了某些善事。诗人回答说："我没有。我并不觉得我做了什么善事。"

"但你为什么会变成一个乞丐，难道你肆意地挥霍了财富吗？"

"不是的。"诗人回答说，"我曾看到一位贫穷的妇女在大街上到处游荡，神情恍惚，因为她的丈夫与儿子都被卖去做奴隶还债了。我将她带回家，以免让她落入恶魔之手，因为她的相貌挺不错的。我将自己的全部身家都给了她，让她赎回丈夫与儿子，重新组成家庭。难道别人碰到这样的情况，不会像我这样做吗？"

隐士落泪了。他说，在自己的一生中所做的事情，都比不上这位贫穷的游吟诗人。

豪厄尔斯说："我认为，人生并不能为了永无止境的个人欲望而奋斗，而是应为全人类的幸福进行不懈努力。这才是最大的成功所在。"这不过是对耶稣基督以下这句话的解读而已：戚戚于自身之人，最终失去；忘我付出之人，终能收获。过分关注自我的男女是很难感受到人类怜悯之情所带来的震撼之感，无法从一个善举中汲取灵魂的养分。这些人失去了一个凡人所能享受到的最高级享受。乔治·柴尔德斯将自己光荣劳动获取的财富看作一笔应造福于人类的金钱，只不过这些钱只是暂由自己保管而已。他说："如果别人问我，在我的一生中，什么事情最能带给我无限幸福的话，我的回答就是向人行善。在另一场合上，他说："我觉得，小孩子从小就应被教育要施与，与朋友分享他们的所有。如果他们在这种氛围下成长，就很容易养成慷慨的性格，否则，他们的天性更容易趋向卑鄙的一面。而卑鄙会逐渐吸干我们的灵魂。"

罗斯金说："人有义务去爱别人，否则，我们就没有其他途径去偿还对上帝所欠下的爱与关怀。"

如果你真的没有什么可施与，你也可以用自己的善言善举去帮助别人。这无需一分一毛，却可以给别人带来快乐，同时让自己的品格得到洗涤与升华。

塞勒斯只给了廷臣阿尔塔巴佐斯一杯金子，但却给了他最喜欢的克里山德斯一个吻。因此，廷臣说："陛下，你给我的一杯金子比不上你给克里山德斯的一个吻。"无论我们年龄大小，地位高下，每个人的心中都渴望着爱。良言与怜悯通常都能比单纯的物质更让我们感动。

若是我们的施与没有爱的成分，就是徒有虚影而已，不仅达不到施予的本意，反而伤害了施予者与接受者。圣·保罗说："即使我将所有的食物都拿去救济穷人，让自己为别人操心，但若是没有爱，于我而言，仍是一无所获。"

爱在善意与谦逊的举止中显得夺目耀眼。只要心中有爱，我们的行为自然就会得体。我们可让一位没有接受过教育的人与上流人物交往，只要他的心中有爱，就不会显得不得体。但是，他们却不愿意这样。卡莱尔在谈到罗伯特·彭斯[①] 时，称欧洲大陆没有比这位农民诗人更纯的绅士了。这是因为他真的热爱一切事物——田野上的老鼠与雏菊，以及上帝创造的大小事物。正是怀着这种简单与谦卑之心，他能与任何人融洽相处，可以进入宫殿，也可安然地呆在位于埃尔河畔的小木屋里。

爱具有一种催人振奋的力量，让所有拥抱它的人都能提升到应有的层次。世上唯一能让农夫与国王都感到幸福的，只有爱。若有爱，茅屋如繁华的宫殿；没有爱，宫殿变茅厕。托

---

① 罗伯特·彭斯（Robert Burns, 1759-1796），苏格兰著名的农民诗人。

马斯·坎普斯在一时精神狂热时这样说："没有比爱更加甜蜜的了，这个世上没有比爱更加勇敢、崇高、宽广、愉悦与圆满的了。因为爱居于善良之中，栖息于上帝怀中，却创造了世间万物。"